KB240740

칵테일

글/원영덕 ● 사진/주종설

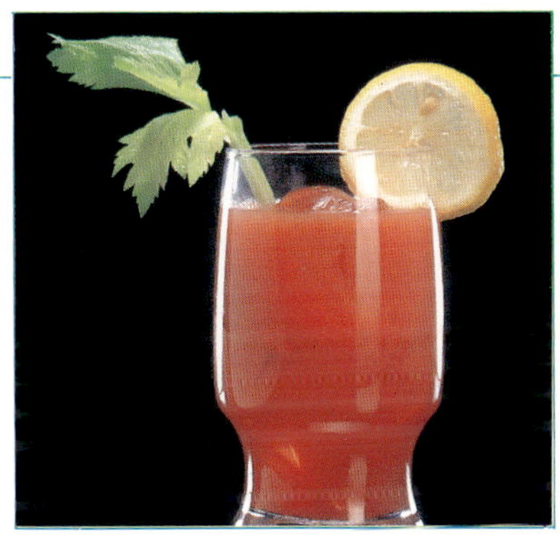

대원사

원영덕 ——————————

칵테일바에서 열다섯 해 동안 근무했
으며 삼원 칵테일학원 강사와 한국바
텐더협회 총무를 지냈다.
현재 국제바텐더협회 감사로 있으며
숙명여대 '숙인당'에 출강하고 있다.
「술과 칵테일」을 냈다.

주종설 ——————————

중앙대학교 사진학과를 졸업했다. 대
우 기획조정실에서 여덟 해 동안 사진
일을 맡아 했다. 현재 스튜디오를 운
영하고 있다.

칵테일

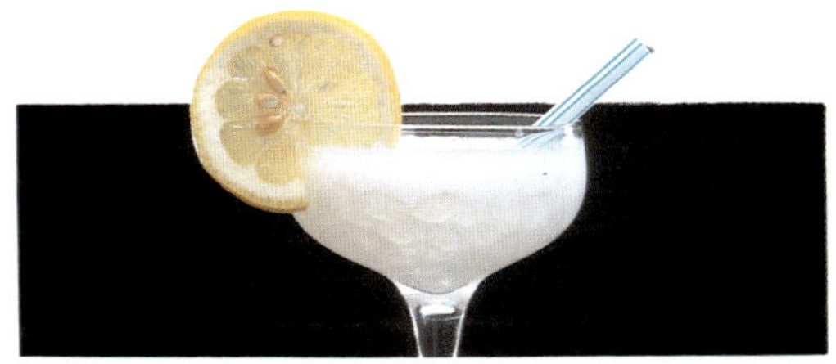

사진으로 보는 칵테일

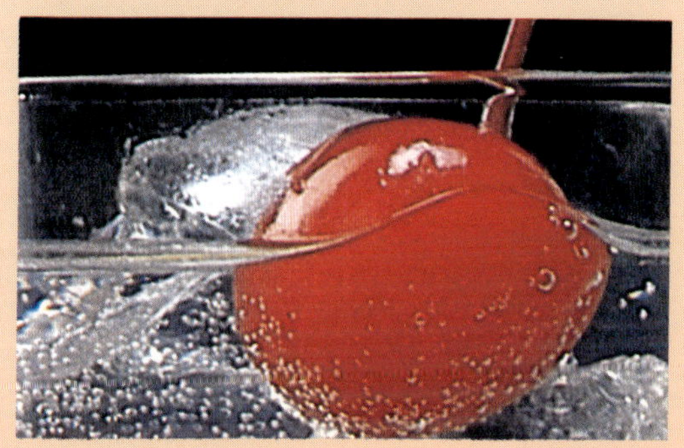

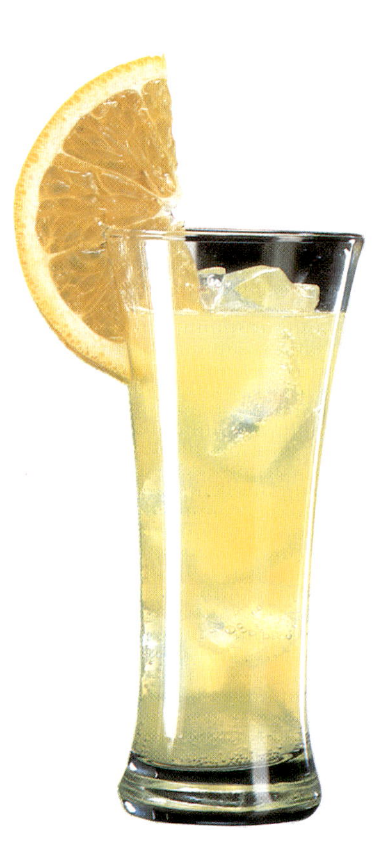
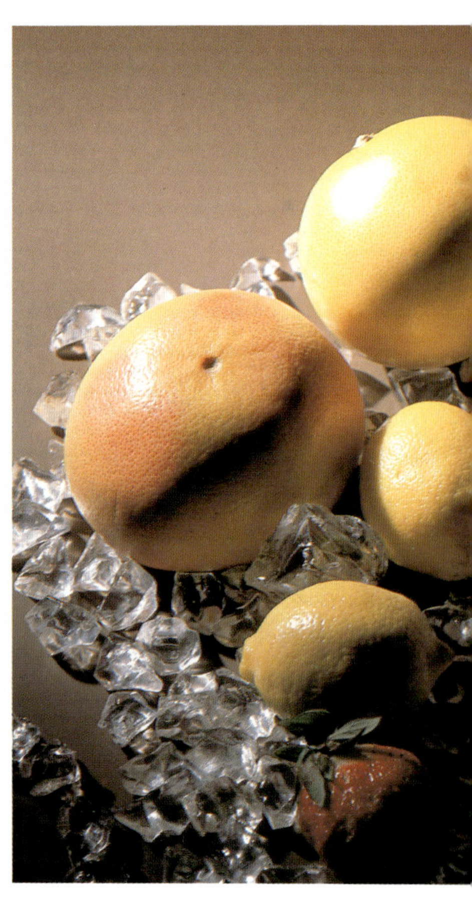

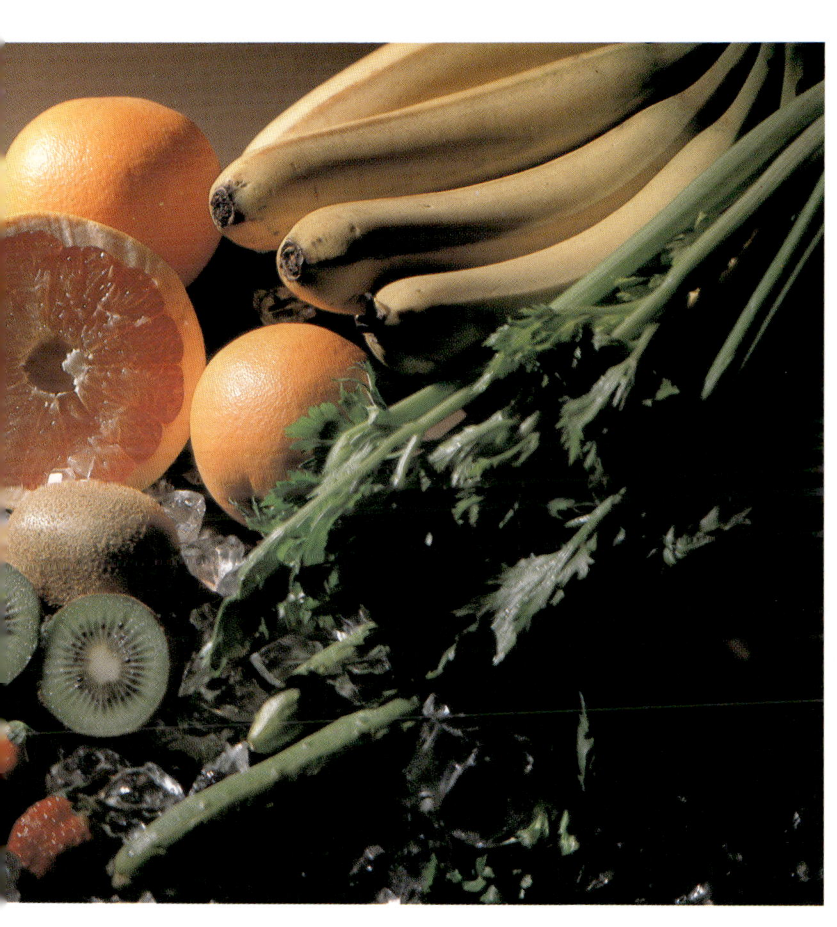

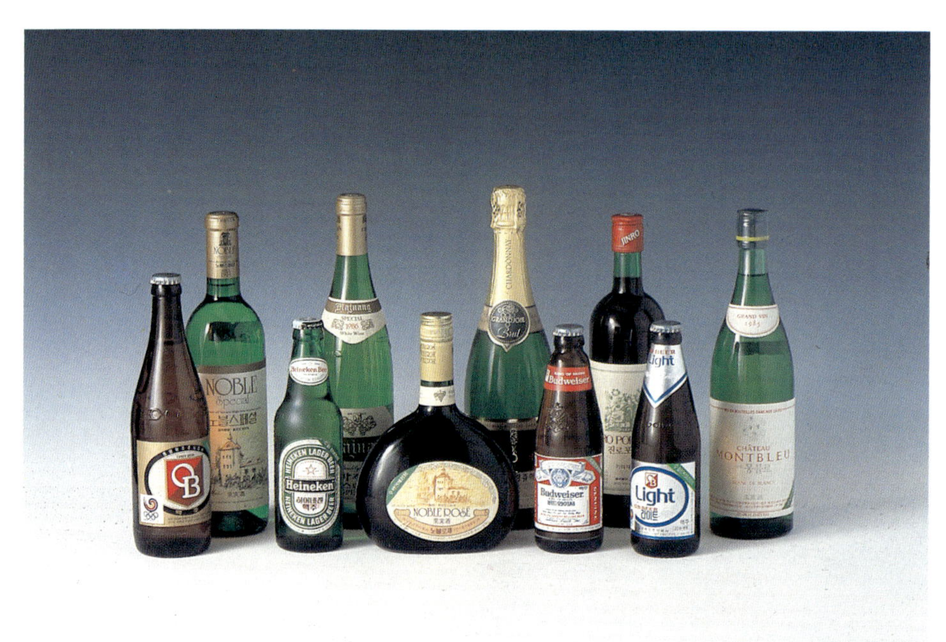

발효를 통해 얻어지는 술을 양조주라고 한다. 양조주는 과실류와 곡물 또는 특정한 식물
을 원료로 한 가장 기본적인 제법의 술로서 알코올 도수가 낮아 오랫 동안 저장할 수 없
다. 과일이나 특정한 식물을 원료로 한 포도주와 사이다, 곡물을 원료로 한 청주, 맥주,
막걸리 따위가 있다.

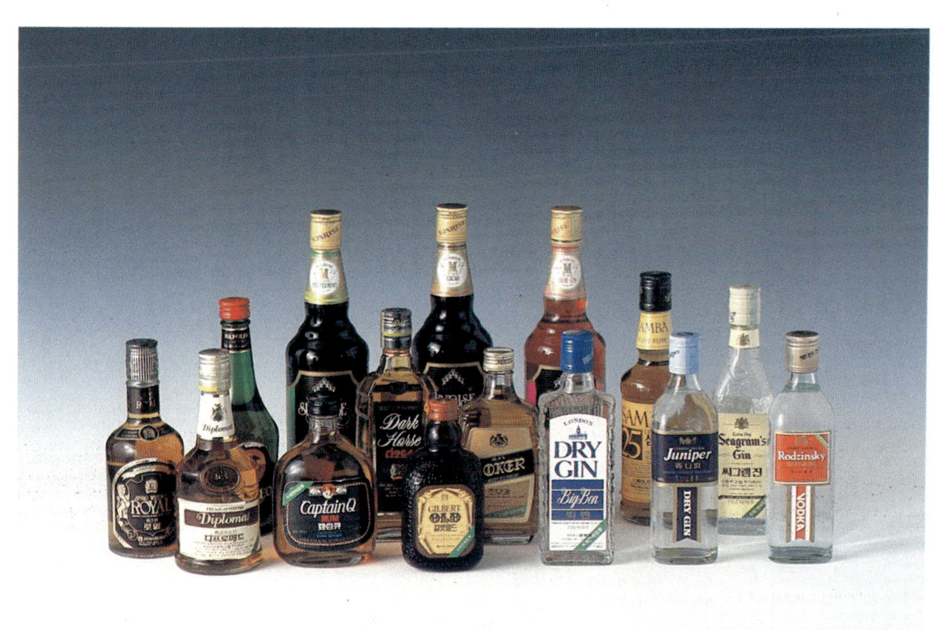

양조주의 알코올 함량분을 높인 것을 증류주라고 한다. 이것은 칵테일의 주재료인 밑술
로 쓰이며 브랜디, 위스키, 진, 보드카, 럼 따위가 있다. 또 증류주에 여러 가지 약초나
과일 따위를 넣어 맛, 향기, 빛깔을 다양하게 한 술을 혼성주라고 하여 칵테일을 만들
때 조미주로 사용한다. 카카오, 민트, 슬로우 진 같은 제품이 생산되고 있다.

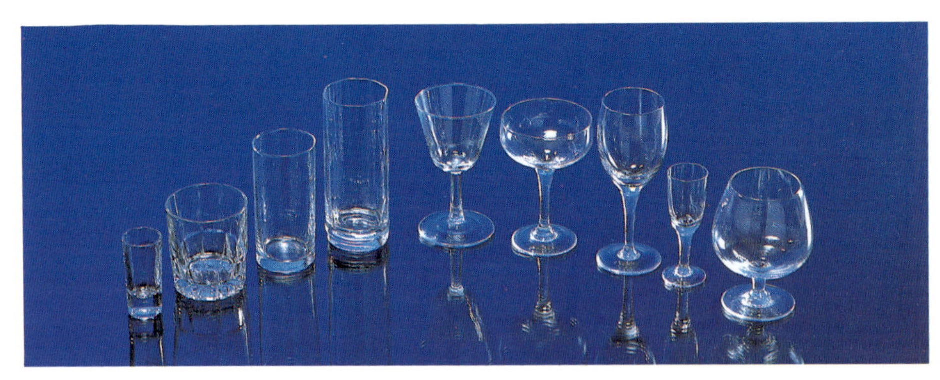

칵테일은 맛과 향기도 중요하지만 칵테일을 담아 눈으로 빛깔을 감상할 수 있게 하는 글라스의 선택도 중요하다. 따라서 용도, 모양, 용량에 따라 사용하는 것이 좋다.
왼쪽부터 스트레이트 글라스(위스키 글라스), 올드 패션 글라스, 하이 볼 글라스, 카린스 글라스, 칵테일 글라스, 샴페인 글라스, 사우어 글라스, 리큐르 글라스, 브랜디 글라스.

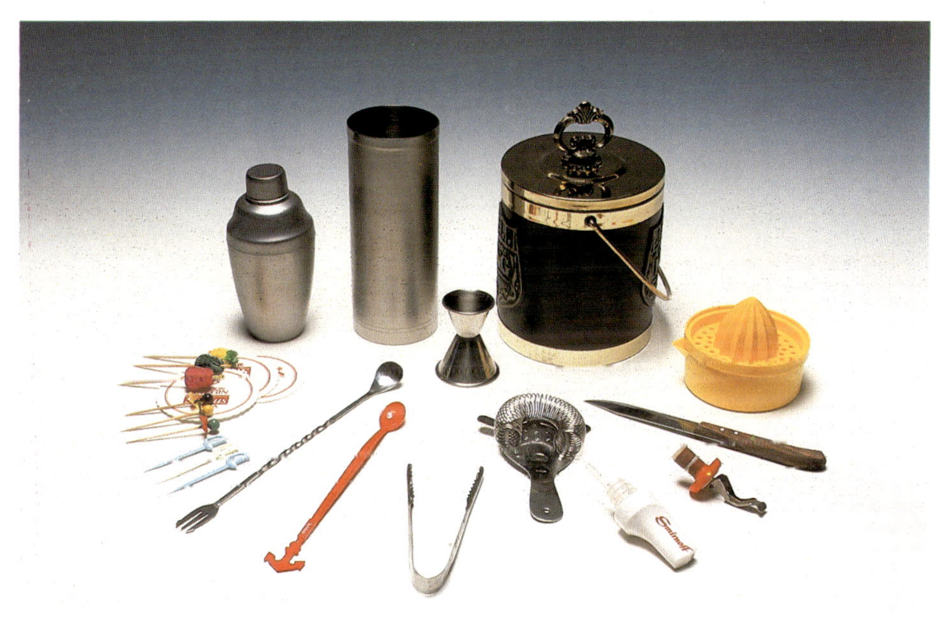

칵테일을 만들 때에 필요한 여러 가지 기구들. 왼쪽부터 쉐이커, 믹싱 글라스, 지거 글라스, 아이스 페일.(위) 왼쪽부터 칵테일 핀(가니쉬 스틱), 코스터, 바 스푼, 아이스 텅(얼음집게), 스트레이너, 포우러, 스토퍼, 페링 나이프, 스퀴저.(아래)

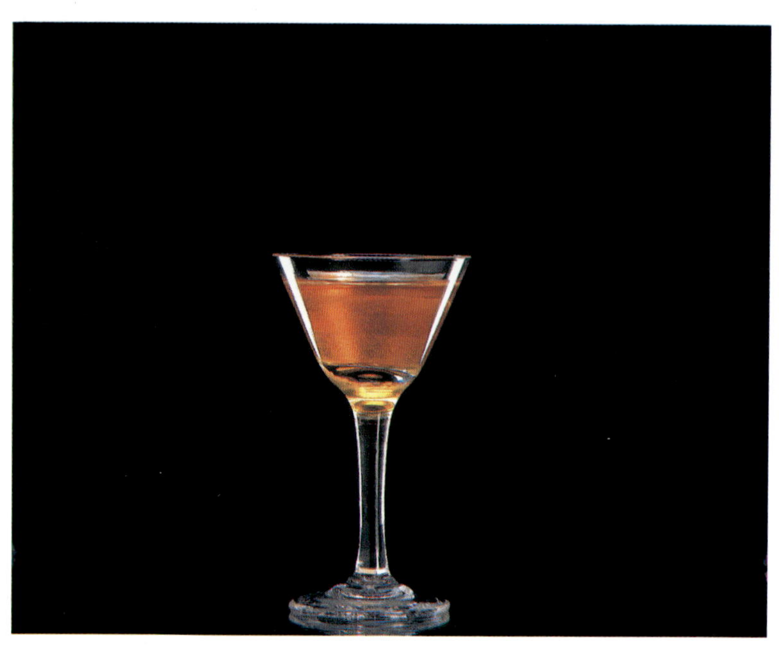

사이드 카(Side Car) 쉐이커에 얼음, 브랜디 1 온스, 트리플 섹 1/2 온스, 레몬 쥬스 1/4 온스를 넣고 잘 흔든 다음 냉각시킨 칵테일 글라스에 따른다.
　제1차 세계 대전 때 독일군의 공격을 받아 사이드 카로 퇴각 중이던 한 프랑스 장교가 차 안에 조금 남아 있던 브랜디에 큐라소와 레몬 쥬스를 섞어 마신 데에서 비롯되었다는 이야기가 있다.

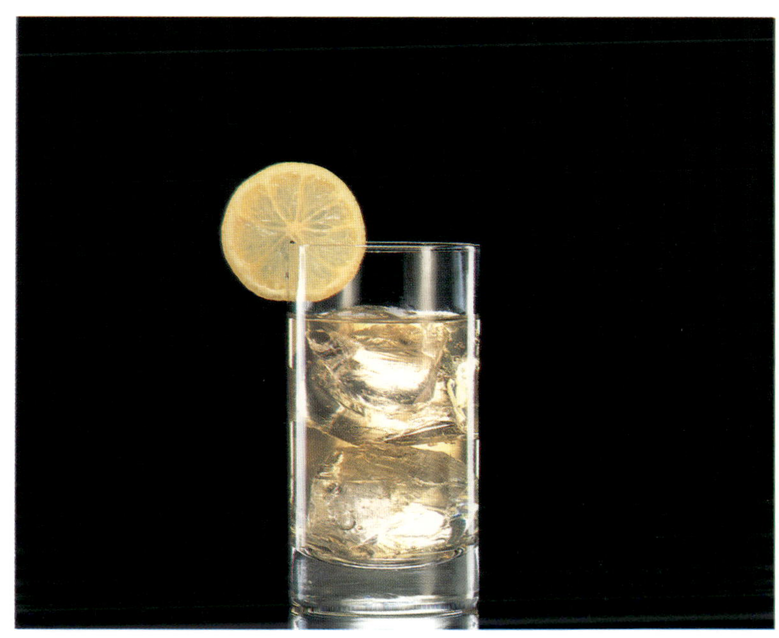

모스코 뮬(Moscow Mule)　　하이 볼 글라스에 얼음 서너 개를 넣고 보드카 1 온스, 라임 쥬스 1/2 온스를 붓는다. 진저엘로 글라스를 채운 다음 바 스푼으로 세 번에서 다섯 번쯤 저어주고 레몬으로 장식한다.
‘뮬’이란 ‘라바’(숫당나귀와 암말의 잡종)와 같은 뜻이다. 칵테일에서 뮬이란 이름이 붙으면 알코올 함량이 아주 높다는 것을 말한다.
‘라바’라는 숫당나귀는 뒷발로 물건을 차는 버릇이 있는데 미국에서는 알코올 성분이 높은 술을 마시고 취했을 때 라바의 뒷발에 차인 기분이라고 표현한다. 이것에 연유하여 ‘뮬’이라는 말이 칵테일의 이름에 붙여졌다.

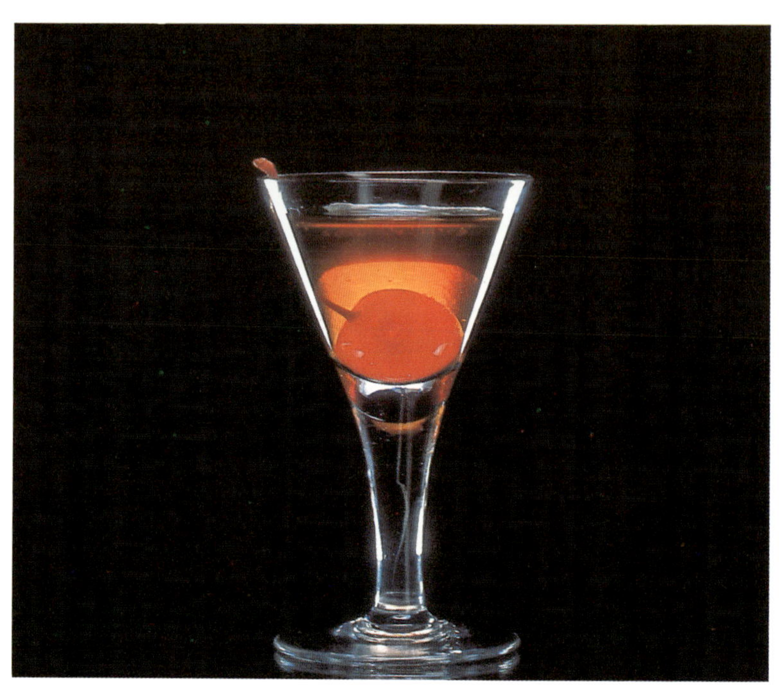

맨해턴(Manhattan)　믹싱 글라스에 얼음, 위스키 1과 1/3 온스, 스위트 버무스 1/3 온스, 앙고스트라 비터 1 대쉬를 넣고 바 스푼으로 다섯에서 일곱 번쯤 젓는다. 믹싱 글라스에 스트레이너를 끼우고 냉각시킨 칵테일 글라스에 따른 다음 체리로 장식한다.
이것은 영국의 수상이었던 처칠의 어머니 체니체롬 여사가 만들어 낸 것으로 미국인이었던 그녀는 1884년 뉴욕 주지사 선거 때 자신이 응원하는 지사 후보를 위한 파티에서 스위트 버무스를 혼합한 칵테일을 대접하여 호평을 얻었다. 이 때 파티가 열렸던 곳이 뉴욕의 고급 클럽인 '맨해턴'이어서 그 이름을 따게 되었고 그 후 세계적으로 알려지게 되었다. (왼쪽)

스크루드라이버(Screwdriver)　하이 볼 글라스에 얼음 서너 개를 담고 보드카 1 온스를 붓는다. 오렌지 쥬스로 잔을 채운 다음 바 스푼으로 세 번에서 다섯 번쯤 젓는다.
본디 칵테일 이름은 나사못을 돌리는 기구인 드라이버라는 뜻이지만 'woman killer', 'lady killer'라는 별명을 가지고 있으며 재료의 이름을 따서 보드카 오렌지라고도 불린다. (오른쪽)

14

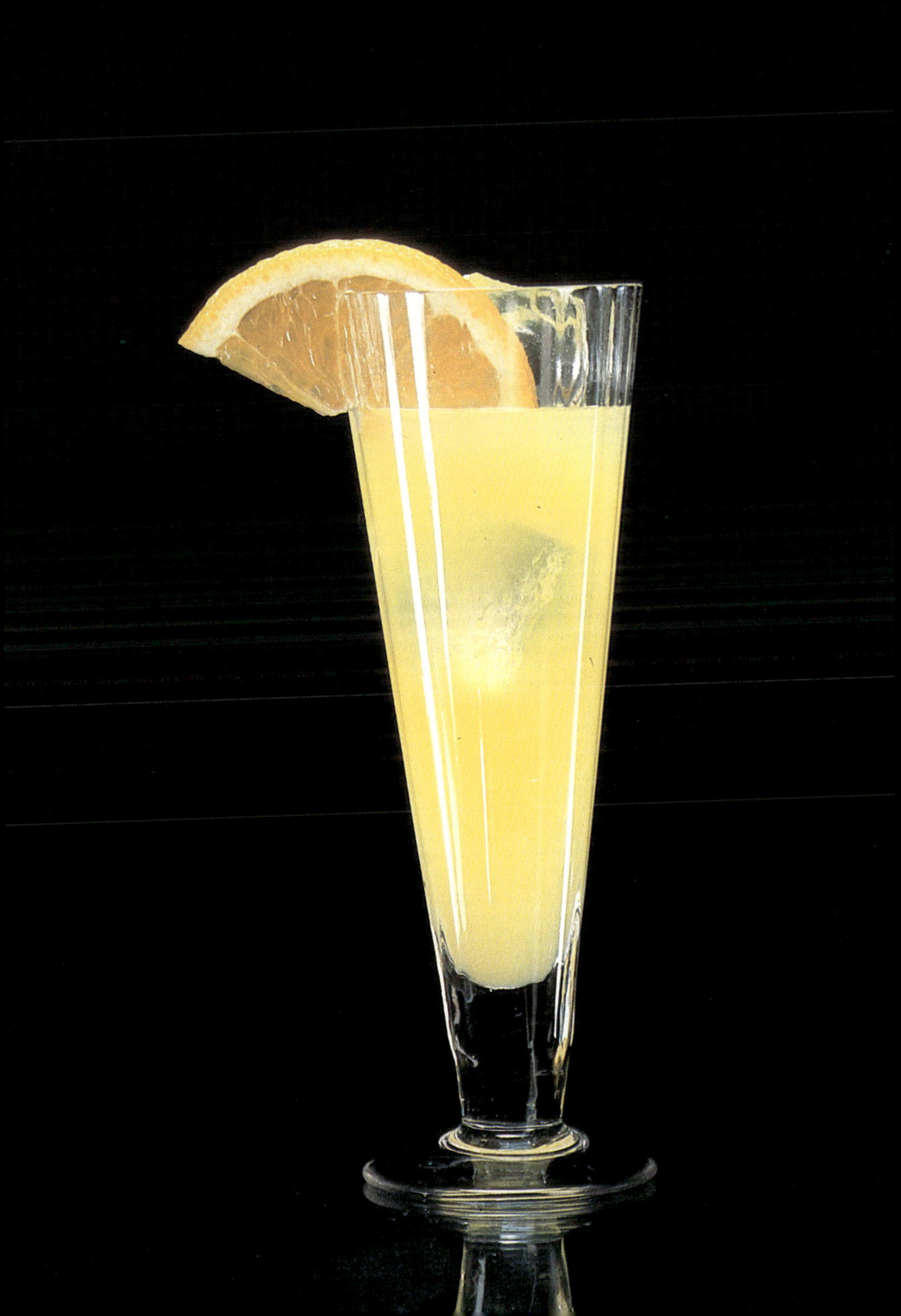

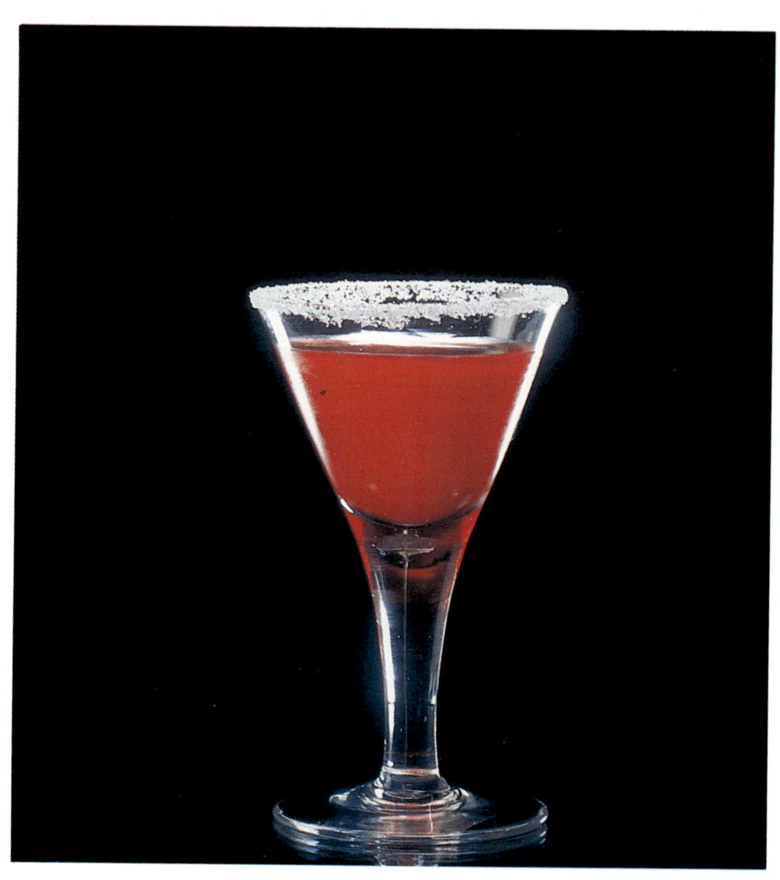

키스 오브 화이어(Kiss of Fire)　칵테일 글라스 가장자리에 레몬즙을 문지르고 설탕을 찍어 둔다. 쉐이커에 얼음, 보드카 1/3 온스, 슬로우진 1/3 온스, 드라이 버무스 1/3 온스, 레몬 쥬스 2 대쉬를 넣고 잘 흔든다. 칵테일 글라스에 쉐이커의 재료를 따른다.
이 칵테일의 이름은 1953년 제5회 올 재팬 드링크 콩쿠르에서 1위에 입상하였다.

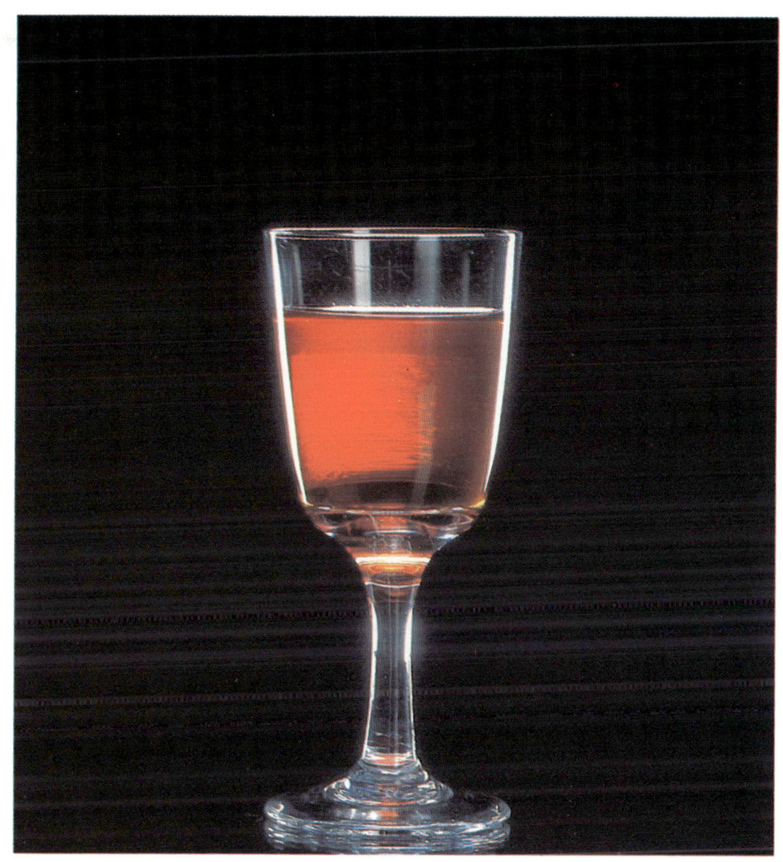

브러드 앤드 샌드(Blood and Sand)　쉐이커에 얼음, 위스키 1/3 온스, 체리 브랜디 1/3
온스, 스위트 버무스 1/3 온스, 오렌지 쥬스 1/3 온스를 넣고 잘 흔든 다음 냉각시킨 칵
테일 글라스에 따른다.
'피와 모래'라는 뜻의 이 칵테일 이름은 스페인의 문학가 비센디 브라스코 이바네스
(Vicente Blascio Ibanes, 1867-1927)의 작품 이름이다. 이 소설은 미국에서 영화화되어
큰 인기를 얻었는데 이 영화의 인기에 따라 같은 이름의 칵테일이 생겨났다.

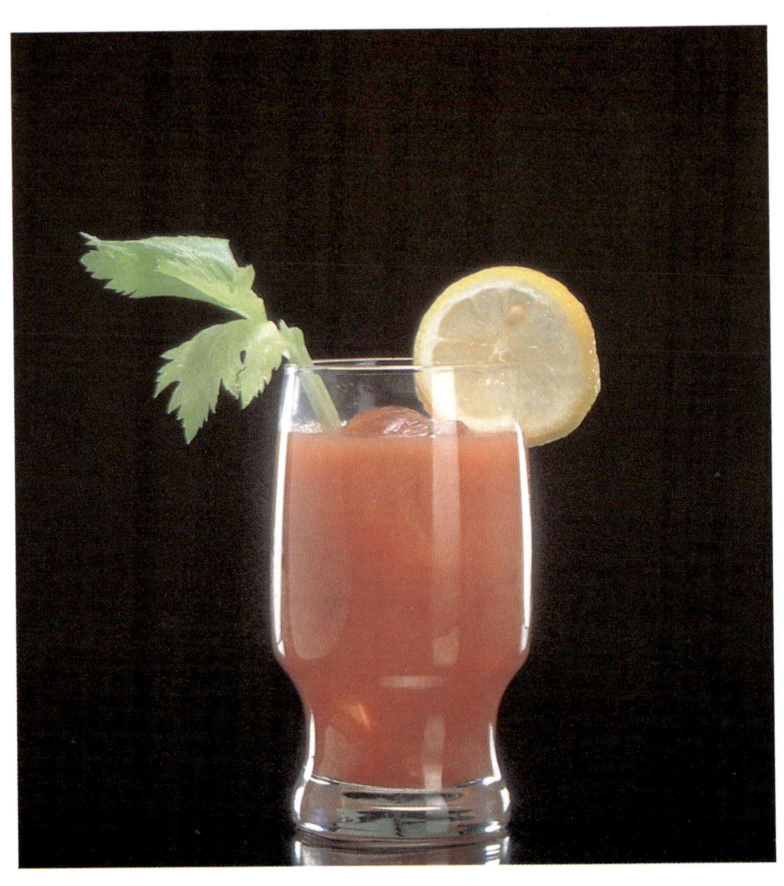

블러디 메리(Bloody Mary) 6 온스의 하이 볼 글라스에 얼음 서너 조각을 담고 보드카 1 온스를 부은 다음 토마토 쥬스로 잔을 채운다. 바 스푼으로 세 번에서 다섯 번쯤 젓고 기호에 따라 우스터셔 소스, 핫 소스, 후추, 소금을 뿌린다.

1920년부터 1933년까지 미국에서 금주법이 행해지던 때에 생긴 음료이다. 이 때 토마토 쥬스에 진을 섞은 음료가 비밀 주점에서 퍼져 유행하게 되었는데 진은 무색이어서 토마토 쥬스에 넣어도 쥬스의 빛깔이 바뀌지 않아 관원의 검문을 피할 수 있었기 때문이다. 당시 이 칵테일은 블러디 섬(Bloody Sum)이란 은어로 불렸다. 블러디란 토마토 쥬스의 붉은 색 때문에 붙여진 것이다. 금주법이 해제된 다음인 1940년쯤부터는 진 대신에 보드카와 토마토 쥬스를 섞은 음료를 좋아하는 사람이 늘어났다. 보드카로 만든 것은 진을 넣은 것보다 부드러운 냄새가 난다고 하여 여성의 이름을 붙여 블러디 메리라고 하게 되었다.

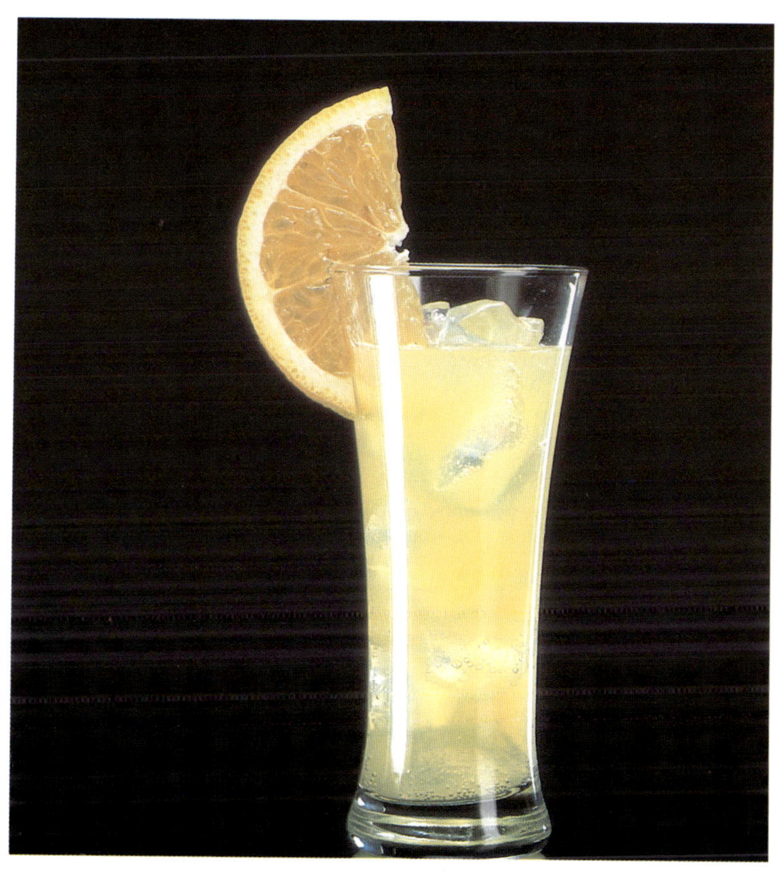

하비 월 뱅거(Harvey wall banger) 6 온스짜리 하이 볼 글라스에 얼음을 넣고 보드카 1 온스와 오렌지 쥬스를 붓는다. 바 스푼으로 젓고 갈리아노 1/2 온스를 살며시 따라 준다. 이탈리아의 유명한 리큐르인 갈리아노를 취급하는 세일즈맨 하비가 만들어 낸 것이다.

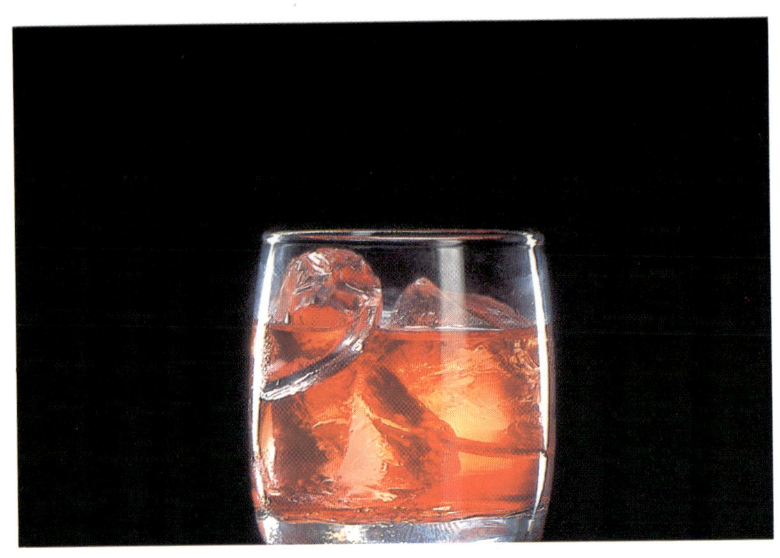

네그로니(Negroni)　올드 패션 글라스에 얼음 서너 개를 넣고 드라이 진 1/2 온스, 캄파리 비타 1/2 온스, 스위트 버무스 1/2 온스를 넣는다. 바 스푼으로 세 번에서 다섯 번쯤 잘 저어준다.
　　이탈리아의 피렌체에 카소니라는 레스토랑이 있는데 이곳의 단골 손님인 카미로 네그로니 백작은 아메리카노에 진을 약간 섞어 마시는 음료를 좋아했다. 그래서 이 레스토랑의 주인이 1962년에 이 백작의 이름을 따서 이 음료를 세상에 공개하였다. (왼쪽)

탐 카린스(Tom Collins)　카린스 글라스에 얼음을 다섯에서 여섯 개쯤 넣은 다음 카린스 믹서로 글라스를 채운다. 바 스푼으로 서너 번 잘 젓는다. 오렌지(또는 레몬)와 체리로 장식하고 스트로우를 꽂는다. 영국의 존 카린스라는 헤드 웨이터가 고안한 것으로 처음 에는 네덜란드산 진을 사용해서 '존 카린스'로 불렸는데 영국산의 올드 탐 진을 쓰게 된 뒤로 탐 카린스라고 불리게 되었다. 그러나 제1차 세계 대전이 끝난 뒤로는 올드 탐 진 대신에 드라이 진을 많이 쓰게 되었다. (오른쪽)

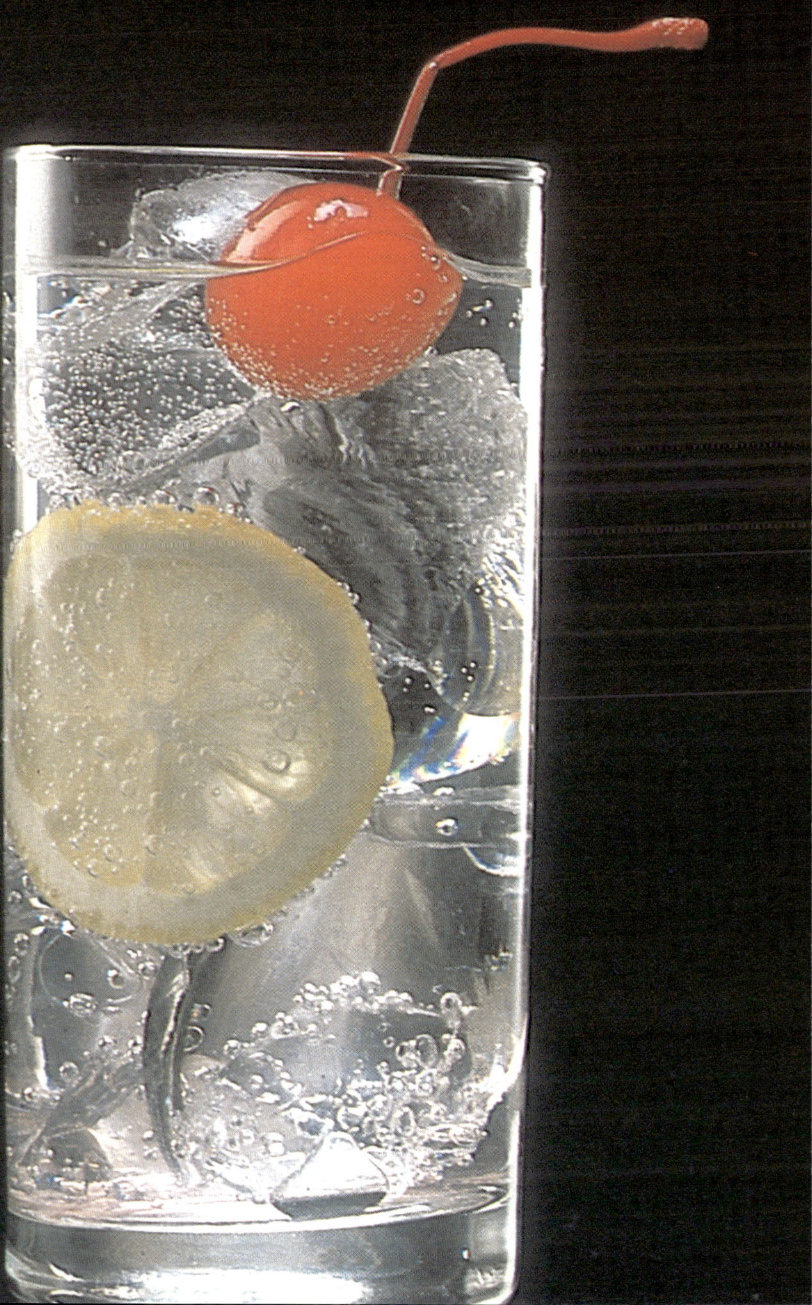

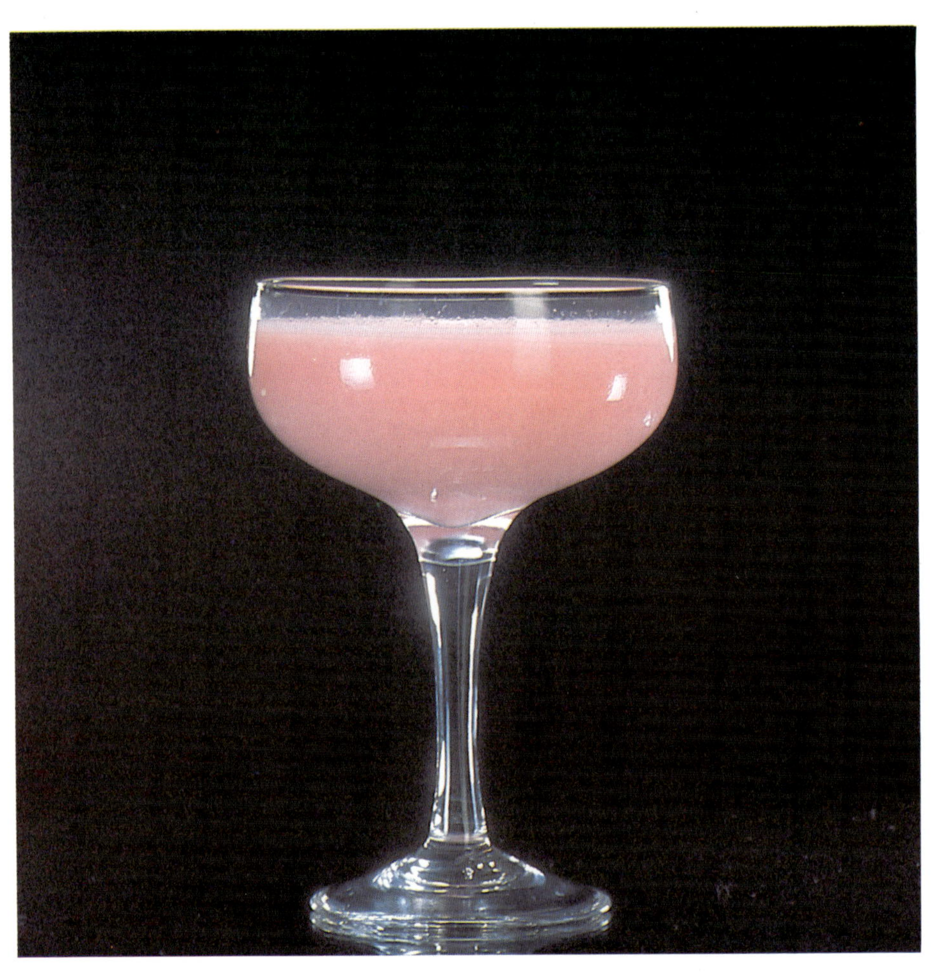

핑크 레이디(Pink Lady) 쉐이커에 계란 한 개분의 흰자, 얼음, 드라이 진 1 온스, 그레
나딘 시럽 1/3 온스, 스위트 크림 1/3 온스를 넣고 스무 번 이상 잘 흔든 다음 냉각시킨
칵테일 글라스에 따른다.
1912년 런던에서 '핑크 레이디'라는 연극이 널리 흥행했었는데 그 때 연극 관계자들이
주최한 파티에서 극의 주인공으로 출연한 여배우에게 바쳤던 칵테일이다.

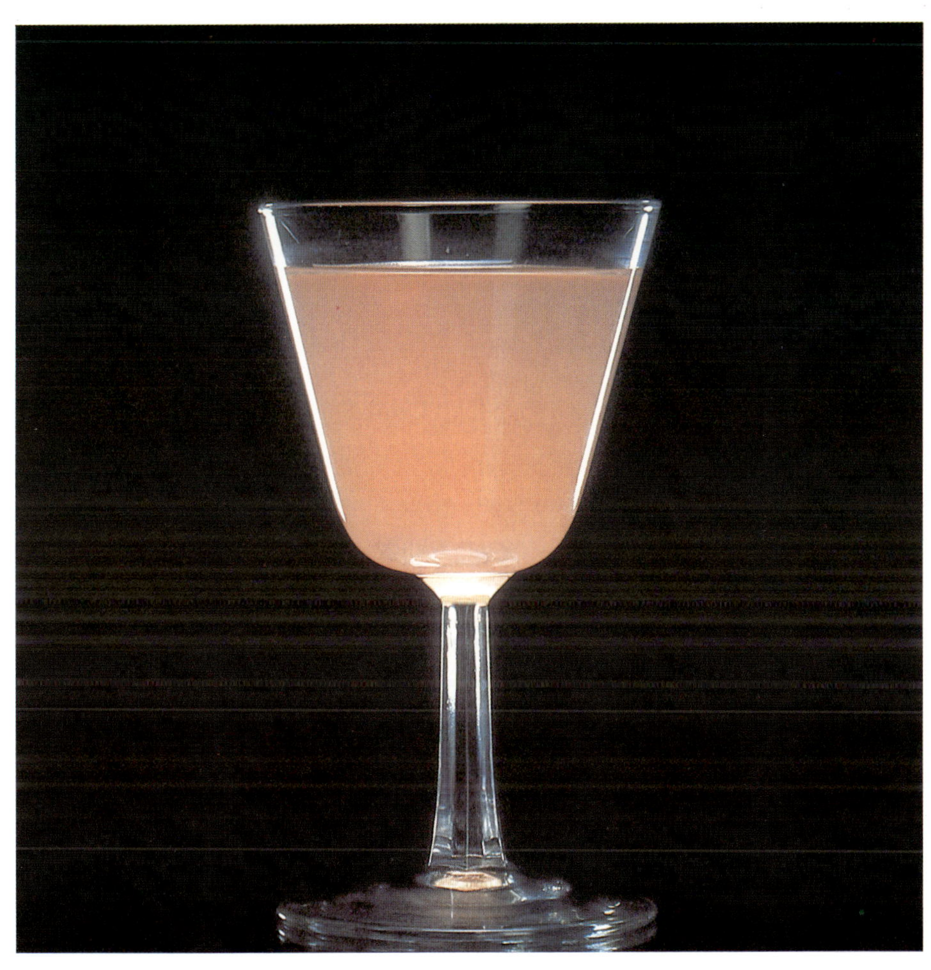

브롱스(Bronx) 쉐이커에 얼음, 드라이 진 2/3 온스, 드라이 버무스 1/3 온스, 스위트 버무스 1/3 온스, 오렌지 쥬스 1/4 온스를 넣고 잘 혼합한 다음 냉각시킨 칵테일 글라스에 따른다. 뉴욕의 한 호텔의 바텐더가 마티니를 개량하려고 만든 것으로 브롱스는 뉴욕의 지명을 빌려서 붙인 이름이다.

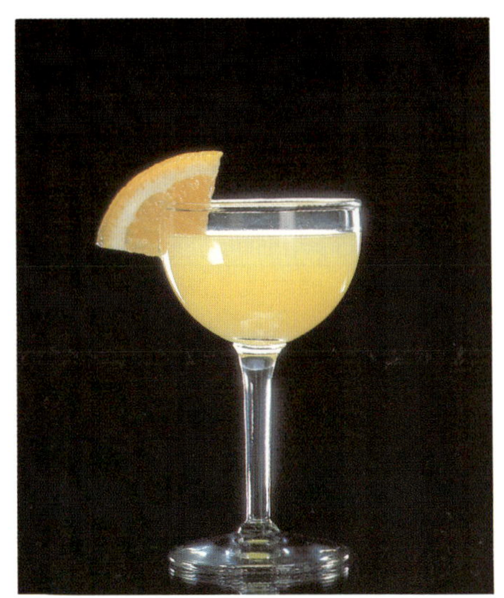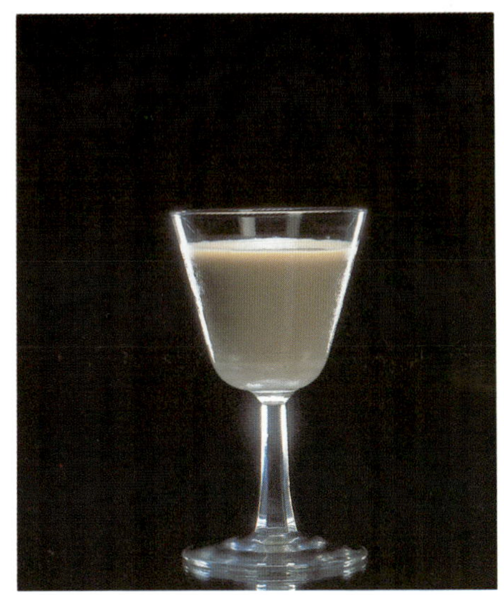

오렌지 블러섬(Orange Blossom) 쉐이커에 얼음, 드라이 진 2/3 온스, 오렌지 쥬스 2/3 온스, 설탕 1 티스푼을 넣고 잘 흔든 다음 냉각시킨 칵테일 글라스에 따른다. 오렌지로 장식한다. 이 칵테일은 '순결'의 꽃말을 가진 오렌지꽃을 이름으로 붙였으며 주로 결혼 피로연의 음료로 많이 마신다. (왼쪽)

프린세스 메리(Princess Mary) 쉐이커에 드라이 진 2/3 온스, 카카오 1/3 온스, 스위트 크림 1 온스를 넣고 잘 흔든 다음 냉각시킨 칵테일 글라스에 따른다.
1922년 영국의 왕녀 메리가 결혼할 때 파리의 유명한 '뉴욕 바'에 있는 바텐더가 기념으로 만든 것이다. (오른쪽)

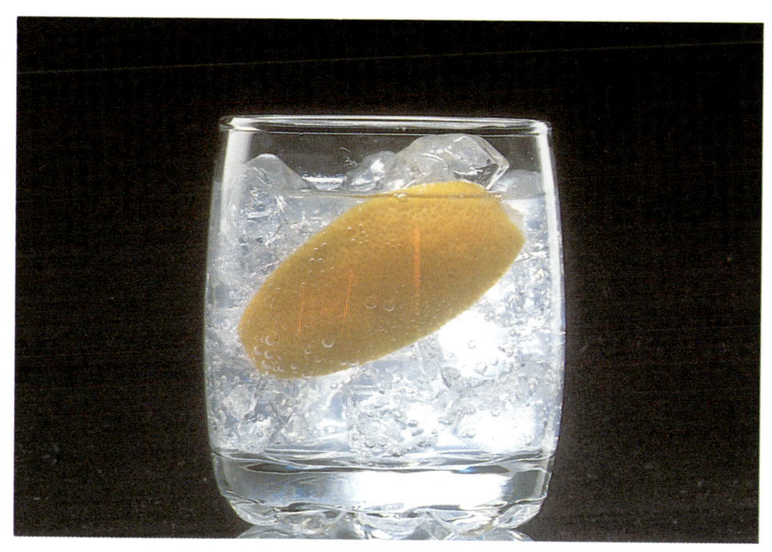

진 리키(Gin Rickey) 6 온스의 하이 볼 글라스에 얼음을 서너 조각 넣고 드라이 진 1 온스, 라임 쥬스 1/2 온스를 부은 다음 소다수로 잔을 채운다. 바 스푼으로 잘 저어 라임이나 레몬으로 장식한다.
　미국 워싱톤의 한 레스토랑에서 고안한 칵테일로 처음으로 마신 사람의 이름을 따서 진 리키라고 불리게 되었다.

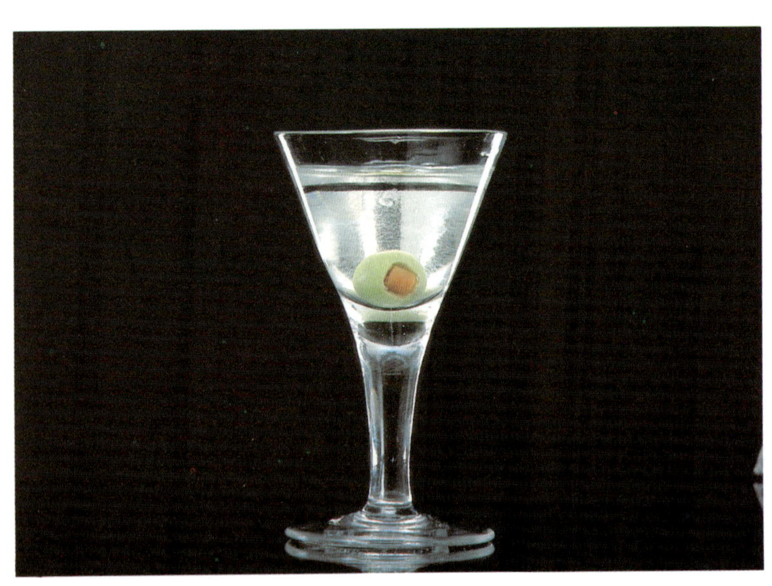

마티니(Martini) 믹싱 글라스를 써서 만든 칵테일이다. (왼쪽)
  드라이 진, 드라이 버무스, 믹싱 글라스를 준비한다. (오른쪽 위)
  믹싱 글라스에 드라이 진 1과 1/2 온스, 드라이 버무스 1/3 온스를 넣고 바 스푼으로 다
섯에서 일곱 번쯤 젓는다. (오른쪽 가운데)
  믹싱 글라스에 스트레이너를 끼우고 냉각시킨 글라스에 따른 다음 올리브로 장식한다.
  (오른쪽 아래)

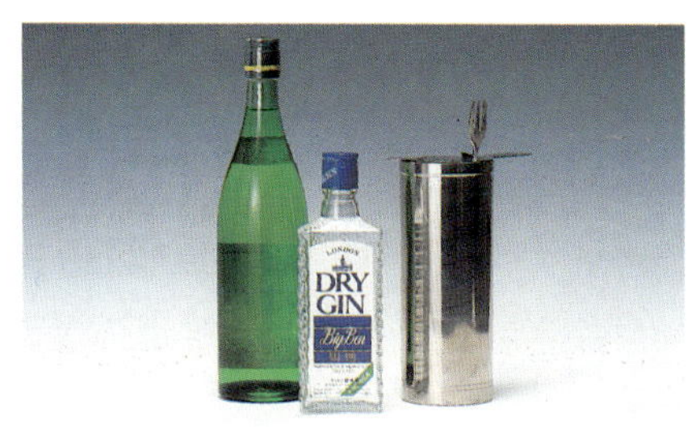

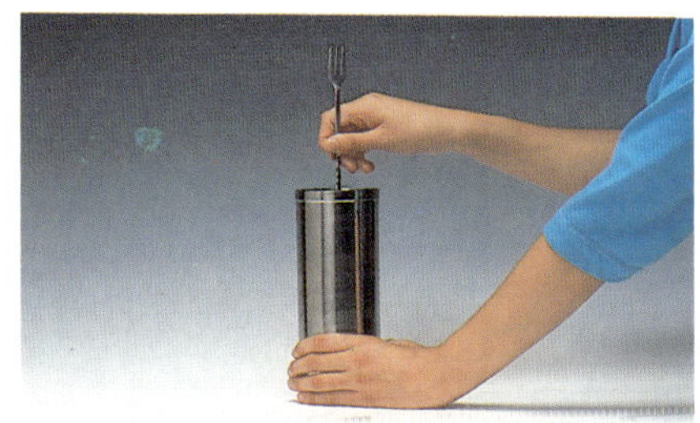

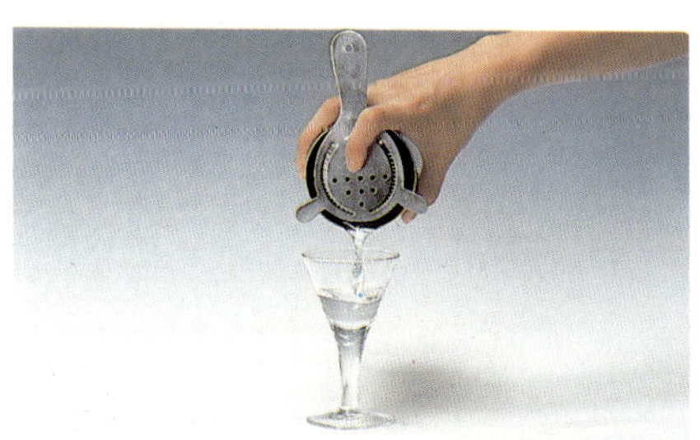

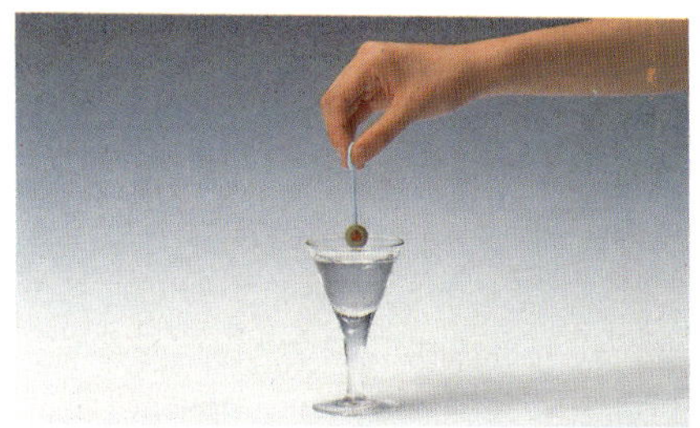

다이퀴리(Daiquiri) 쉐이커에 얼음, 라임 쥬스 1/2 온스, 설탕 1 티스푼을 넣고 잘 흔든 다음 냉각시킨 칵테일 글라스에 따른다.

'다이퀴리'란 쿠바에 있는 광산의 이름이다. 1898년에 쿠바가 스페인으로부터 독립하면서 다이퀴리 광산에 미국의 기술 원조단이 들어왔는데 이 때 미국인들이 일을 끝낸 뒤의 피로를 풀기 위해 쿠바의 특산물인 럼과 설탕과 감귤류의 과일을 써서 이 칵테일을 만들게 되었다. (왼쪽)

밀리언 달러(Million Dollar) 쉐이커에 얼음, 계란 흰자 한 개분, 드라이 진 1 온스, 스위트 버무스 1 온스, 그레나딘 시럽 1 티스푼, 파인애플 쥬스 2 티스푼을 넣고 잘 흔든 다음 냉각시킨 칵테일 글라스에 따른다. 파인애플로 장식한다.

1922년 일본의 그랜드 호텔에 근무했던 하마다가 만들었다고도 하고 하마다와 같이 근무했던 외국인이 창안한 것을 하마다가 배워 퍼뜨린 것이라고도 한다. (오른쪽)

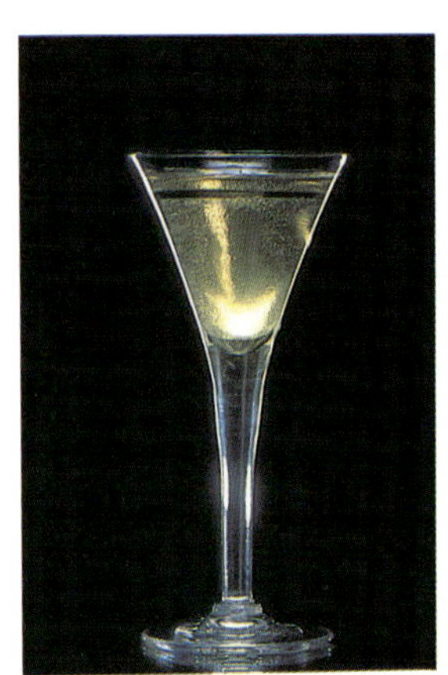

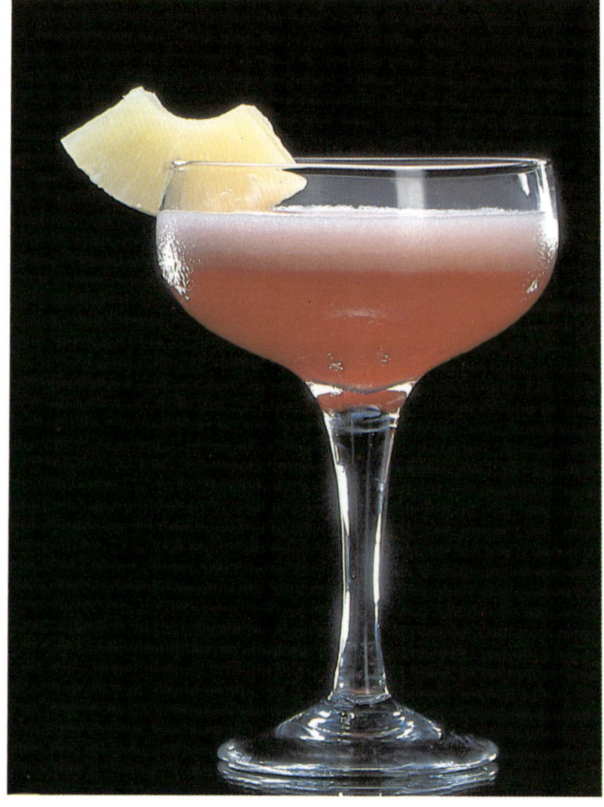

피나 콜라다(Pina Colada) 전기 혼합기에 가루 얼음을 두 컵쯤 담고 파인애플 쥬스 2와 1/2 온스, 코코넛 시럽(또는 우유) 1과 1/2 온스, 스위트 크림 2 티스푼을 넣은 다음 믹서기를 10 초쯤 고속으로 회전시켜 얼음과 같이 고블렛 글라스에 따른다. 파인애플과 계절 과일로 장식하고 스트로우를 꽂는다.

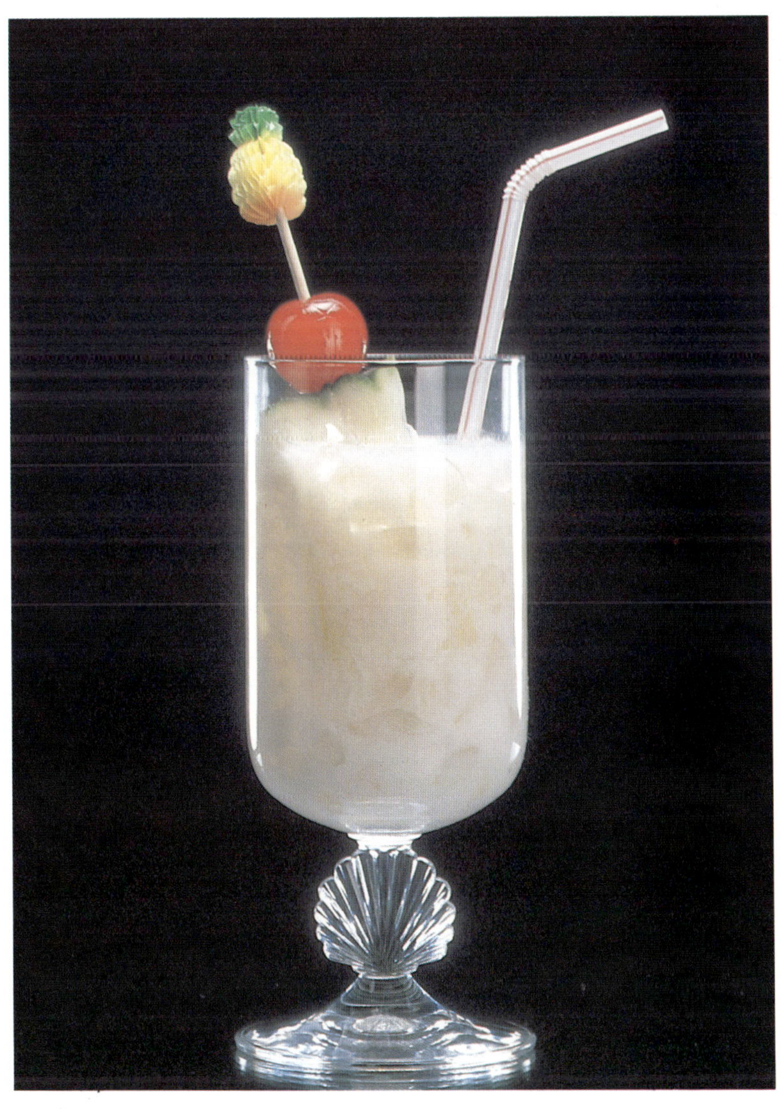

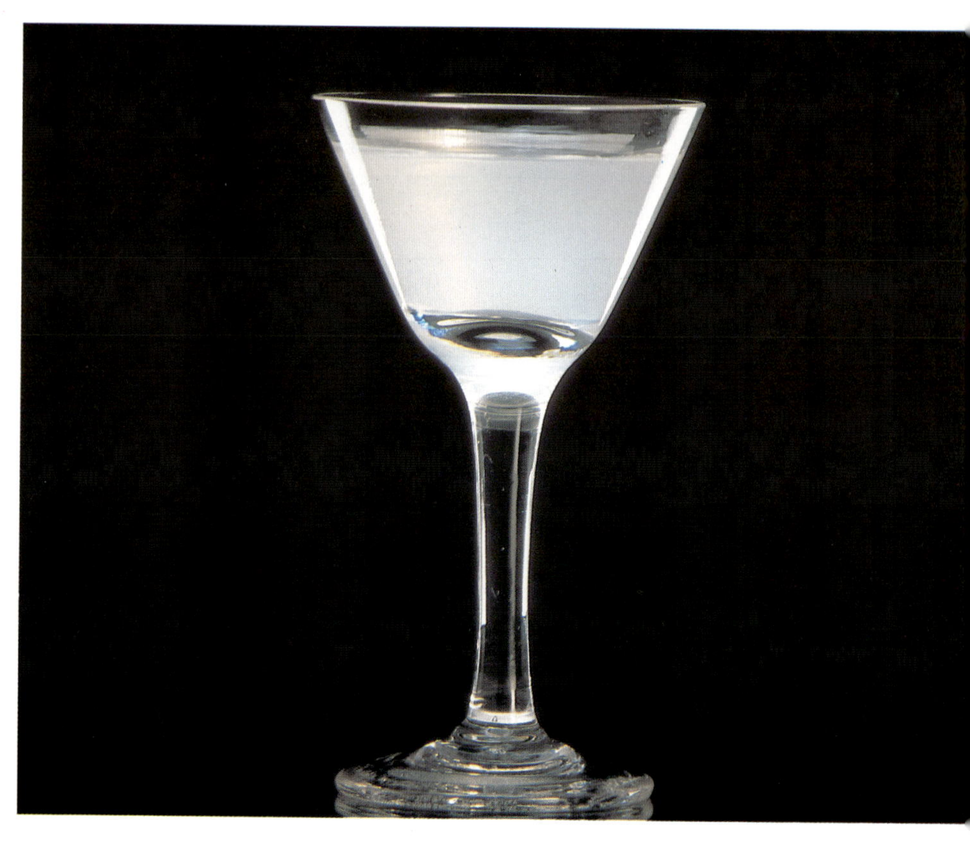

엑스 와이 겥(X. Y. Z) 쉐이커에 얼음, 럼 1 온스, 트리플 섹 1/2 온스, 레몬 쥬스 1/4 온스를 넣고 잘 흔든 다음 냉각시킨 칵테일 글라스에 따른다.
이 칵테일은 칵테일의 끝이라는 뜻을 가지고 있다. 칵테일 바에서 서비스로 이 칵테일을 낼 때에는 빨리 일어나라는 뜻으로 해석해도 좋다.

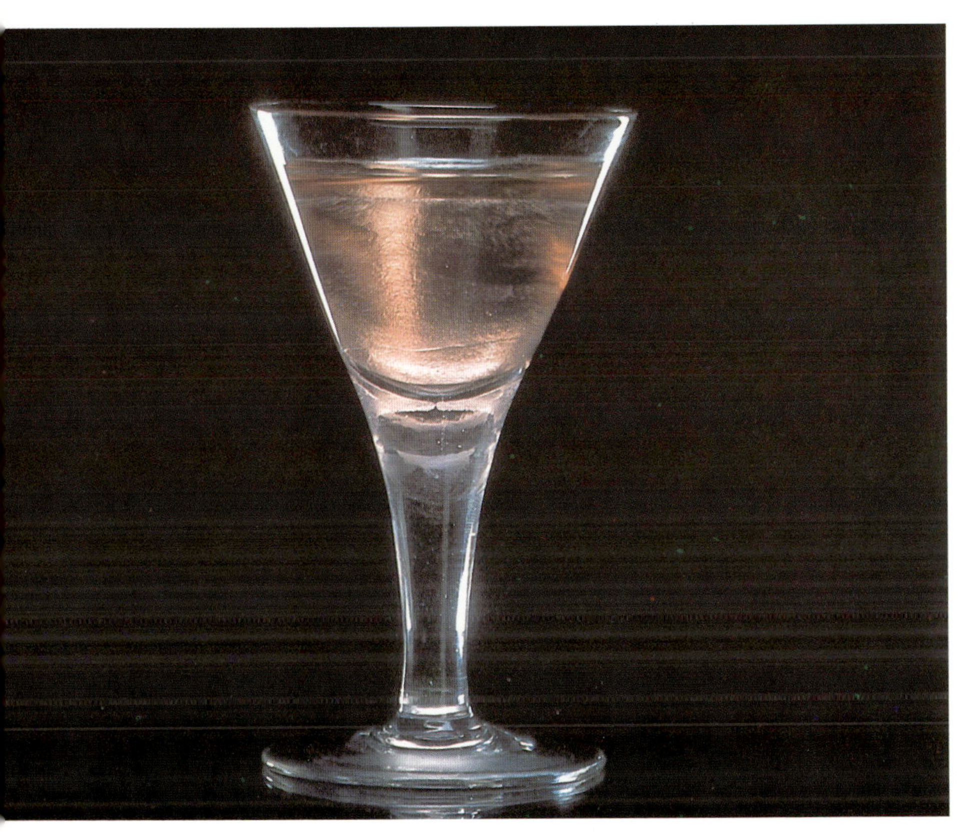

바카디(Bacardi)　쉐이커에 얼음과 럼 1 온스, 라임 쥬스 1/3 온스, 그레나딘 시럽 1 티
스푼을 넣고 잘 흔든 다음 냉각시킨 칵테일 글라스에 따른다.
'바카디'는 멕시코에 본사를 둔 세계적으로 유명한 럼 제조회사의 이름인데 이 회사가
럼의 판매를 위해 자사의 이름을 붙여 발표한 칵테일이다.

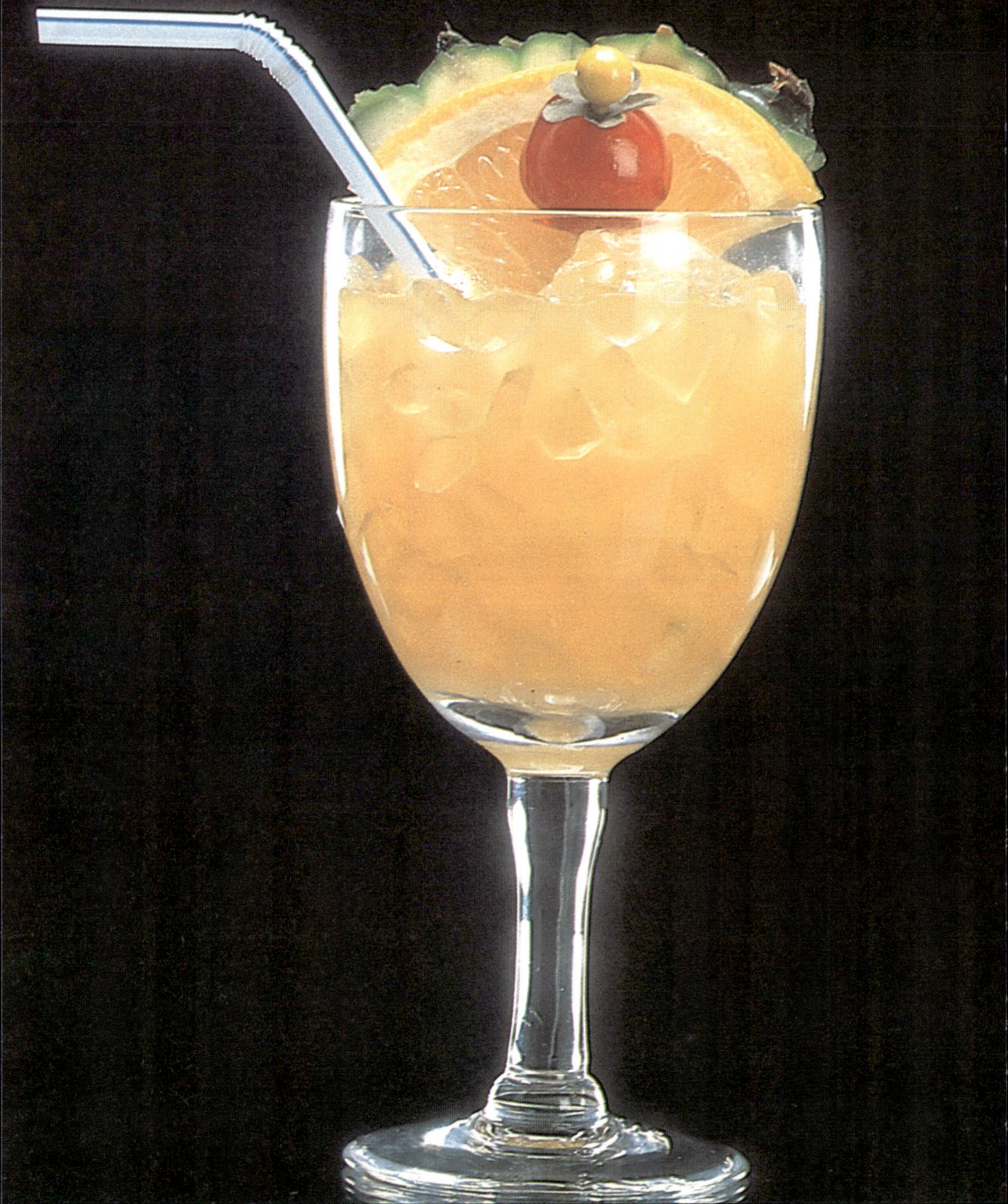

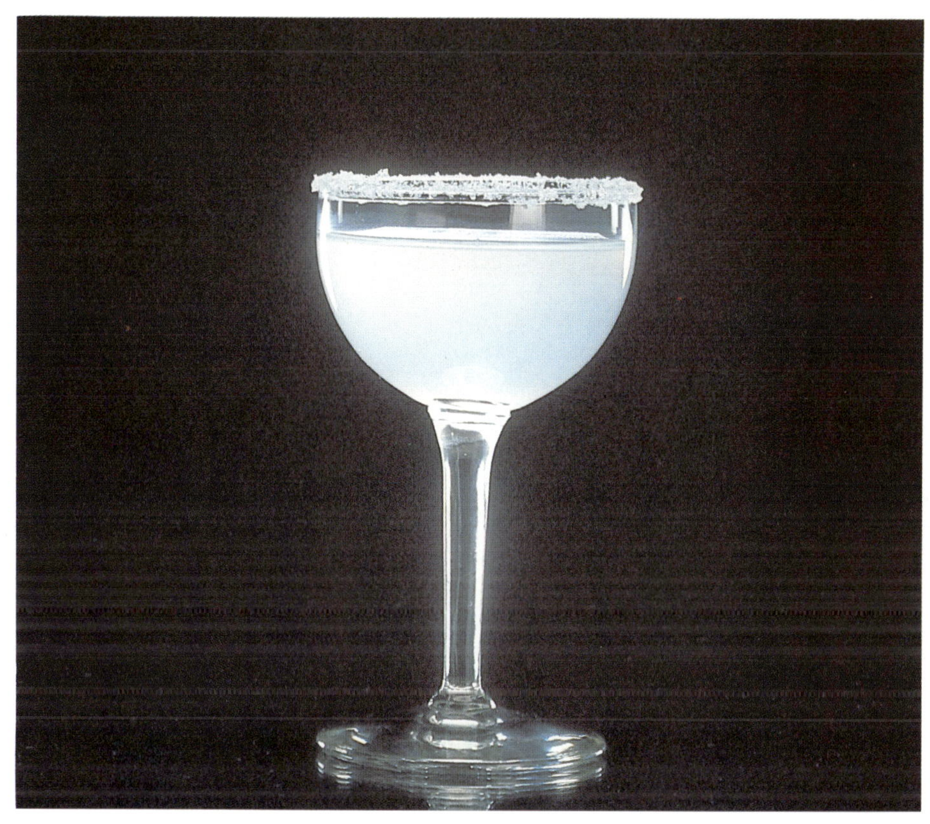

마이 타이(Mai Tai)　쉐이커에 얼음, 럼 1 온스, 트리플 섹 1/4 온스, 파인애플 쥬스 1/4 온스, 오렌지 쥬스 1/4 온스, 레몬 쥬스 1 티스푼을 넣고 잘 흔든 다음 얼음을 가득 채운 올드 패션 글라스에 따른다. 푸르트 럼을 뿌려준다.
　'마이타이'란 타이티어로 '좋은', '최상의'라는 뜻이다. 하와이의 한 주점에서 손님에게 특제 칵테일로 제공한 것이 시초이다. 본디 사탕수수의 줄기나 박하잎으로 장식하였으나 요즈음에는 난꽃으로 장식하는 것이 유행이다. (왼쪽)

마가리타(Margarita)　쉐이커에 얼음, 테킬라 1 온스, 트리플 섹 1/3 온스, 레몬이나 라임 쥬스 1/2 온스를 넣고 잘 흔든 다음 솔트 프러스트(salt frost)된 칵테일 글라스에 따른다.
　'마가리타'는 스페인어로 영어의 '마가렛'과 같은 말이다. 1949년 로스앤젤레스에 있는 레스토랑의 바텐더가 만들어 그 해 미국 칵테일 콩쿠르에서 입선한 것이다. 마가리타는 젊은 날에 죽은 이 바텐더의 애인 이름으로 바텐더의 슬픈 추억이 담겨 있는 칵테일이다. (오른쪽)

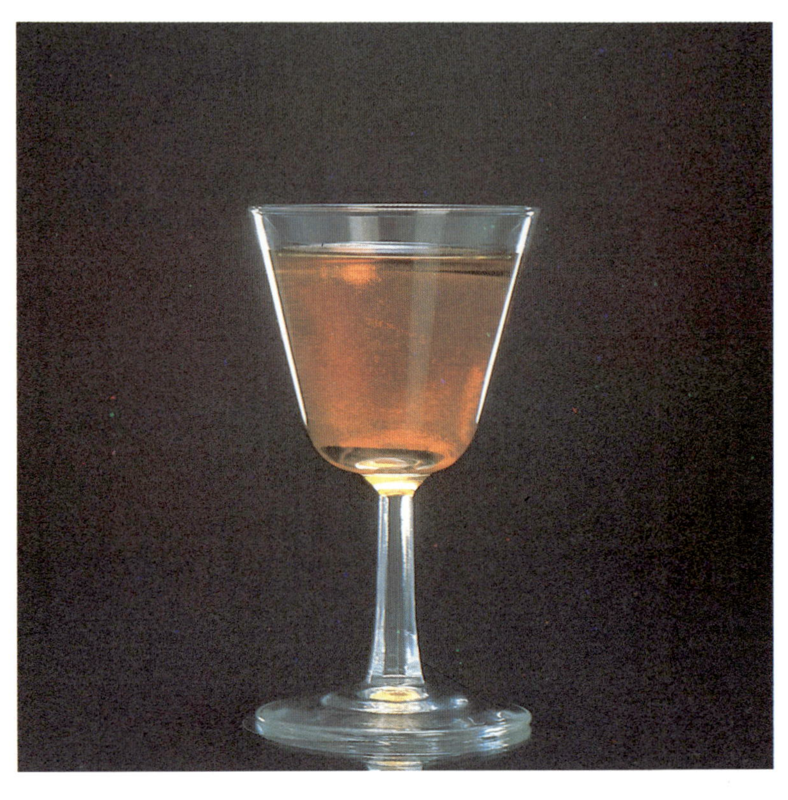

메트로폴리탄(Metropolitan) 쉐이커에 얼음, 브랜디 3/4 온스, 스위트 버무스 3/4 온스, 앙고스트라 비터 1 대쉬를 넣고 잘 흔들어서 냉각시킨 칵테일 글라스에 얼음을 걸러 내며 따른다. (왼쪽)

위스키 사우어(Whiskey Sour) 쉐이커에 얼음, 위스키 1 온스, 레몬 쥬스 1/2 온스, 설탕 1 티스푼을 넣고 잘 흔든 다음 사우어 글라스에 얼음을 걸러내며 따른다. 소다수로 잔을 채우고 과일로 장식한다. (오른쪽)

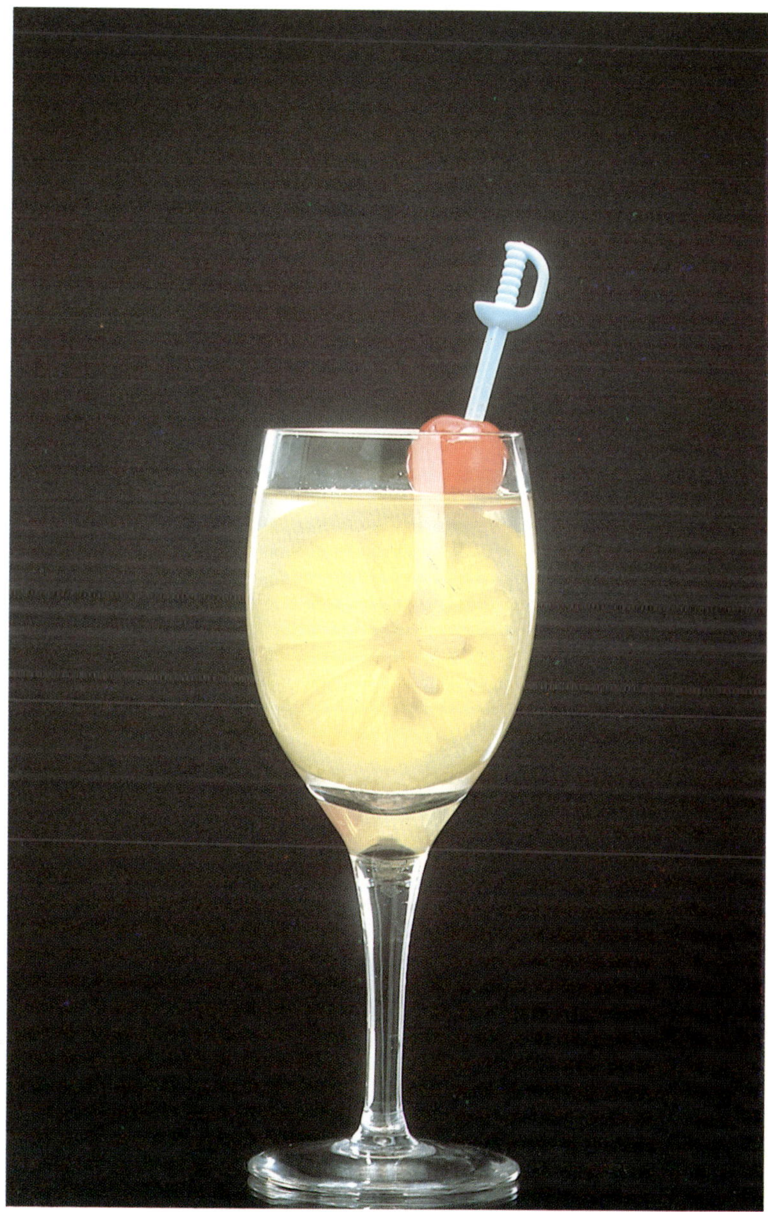

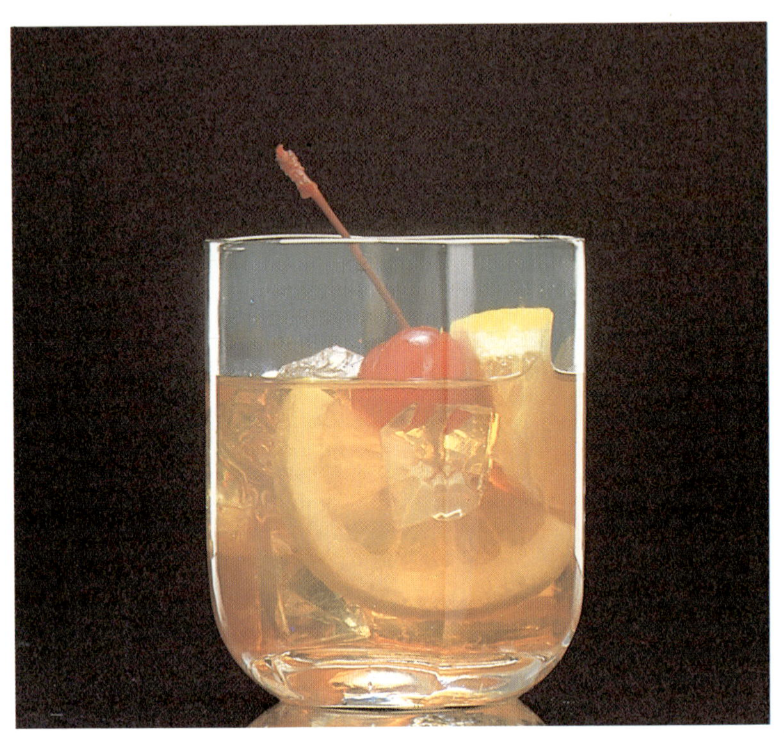

올드 패션(Old Fashion) 올드 패션 글라스에 설탕 1 티스푼, 앙고스트라 비터 1 대쉬, 약
간의 소다수를 넣고 잘 젓는다. 설탕이 녹으면 얼음 서너 조각을 담고 위스키를 따른 다
음 다시 저어서 과일로 장식한다.

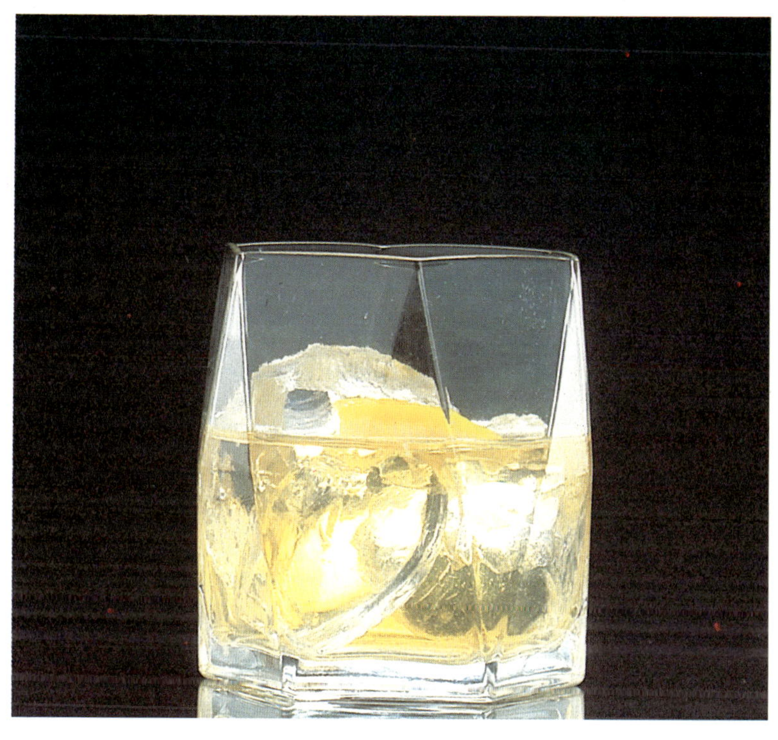

러스티 네일(Rusty Neil) 올드 패션 글라스에 얼음, 스카치 위스키 1 온스, 드람뷰이 1/
2 온스를 넣고 잘 젓는다.

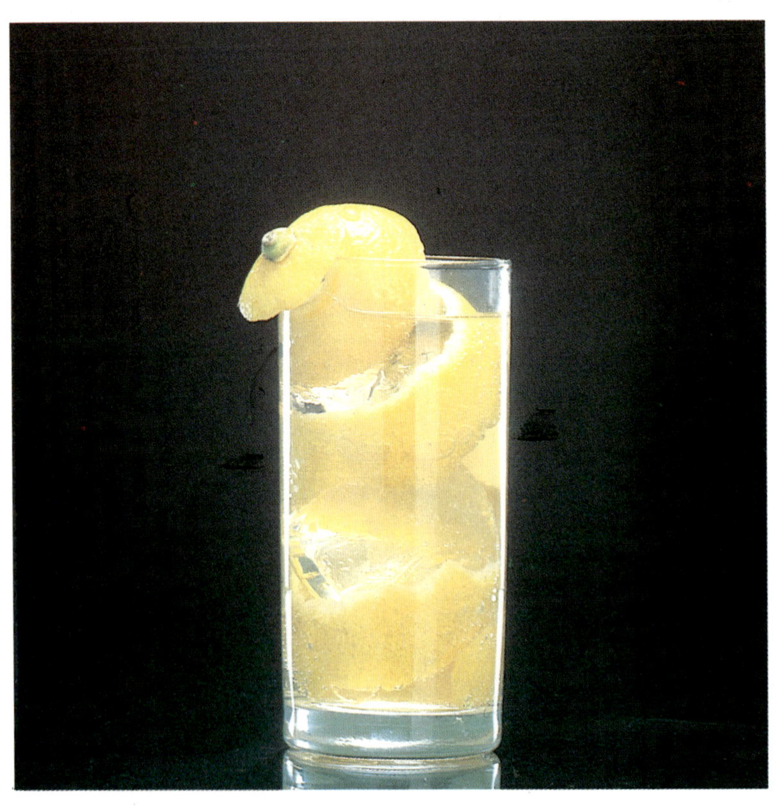

호스 넥(Horse Neck)　하이 볼 글라스를 한 개분의 레몬 껍질로 장식한 다음 얼음 서너 조각을 넣고 위스키 1 온스를 붓는다. 진저엘로 글라스를 채운 다음 잘 젓는다.

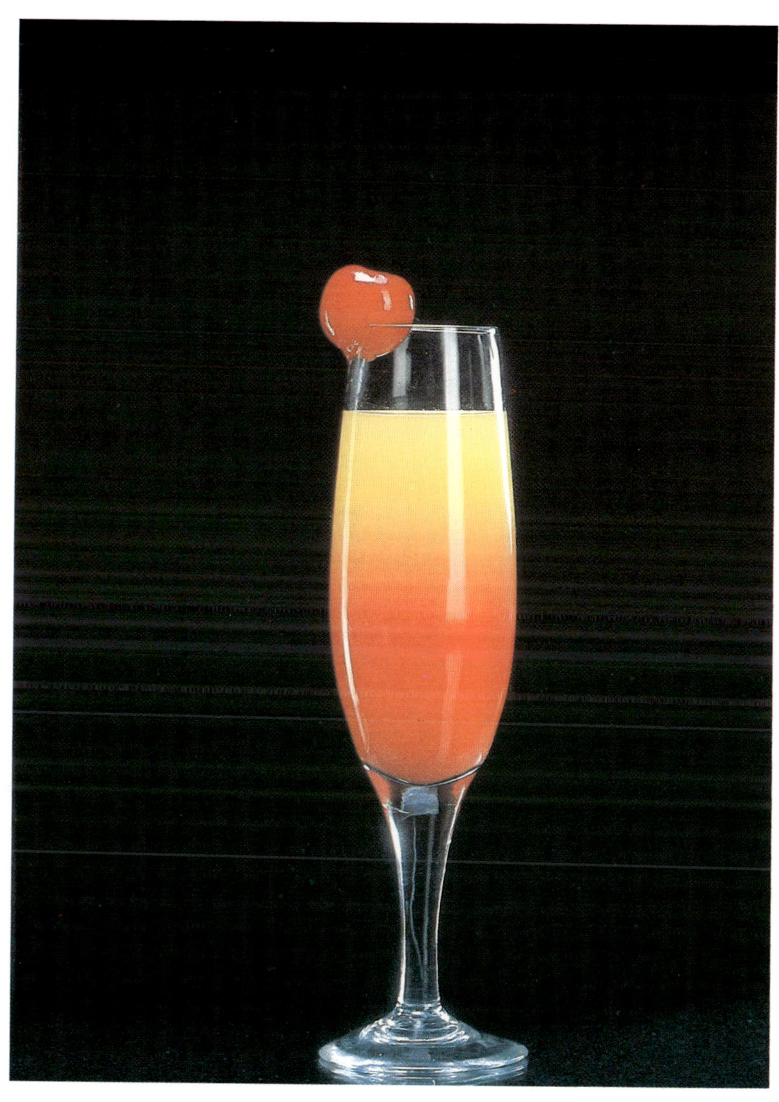

보드카 선 라이즈(Vodka Sun rise)　고블렛 글라스에 얼음을 넣고 보드카 1 온스를 붓는
다. 오렌지 쥬스로 잔을 채우고 그레나딘 시럽 1/2 온스를 살짝 따른다.

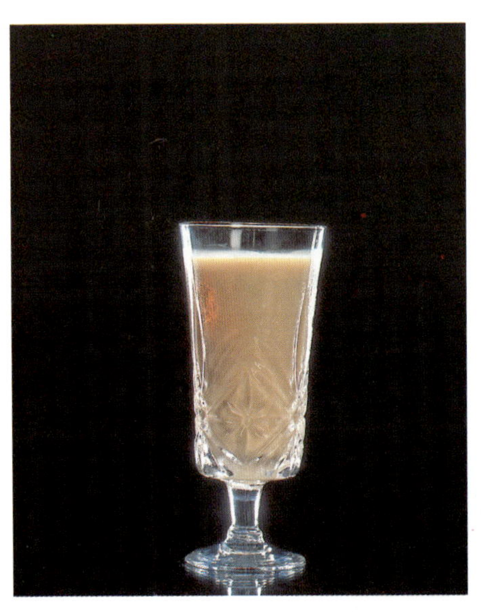 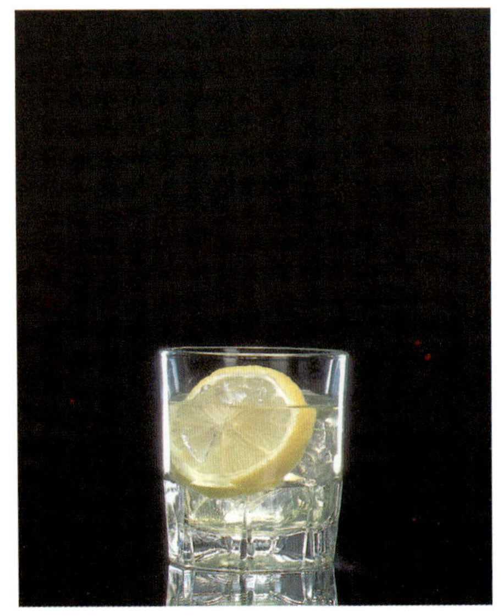

러시안 베어(Russian Bear) 쉐이커에 얼음, 보드카 1 온스, 카카오 1/3 온스, 스위트 크림 1/3 온스를 넣고 잘 흔든 다음 냉각시킨 칵테일 글라스에 얼음을 걸러내며 따른다. (왼쪽)

진 앤드 라임(Gin and Lime) 올드 패션 글라스에 얼음 서너 조각을 넣고 진 1 온스, 라임 쥬스 1/3 온스를 부은 다음 잘 젓는다. 라임이나 레몬 조각으로 장식한다. (오른쪽)

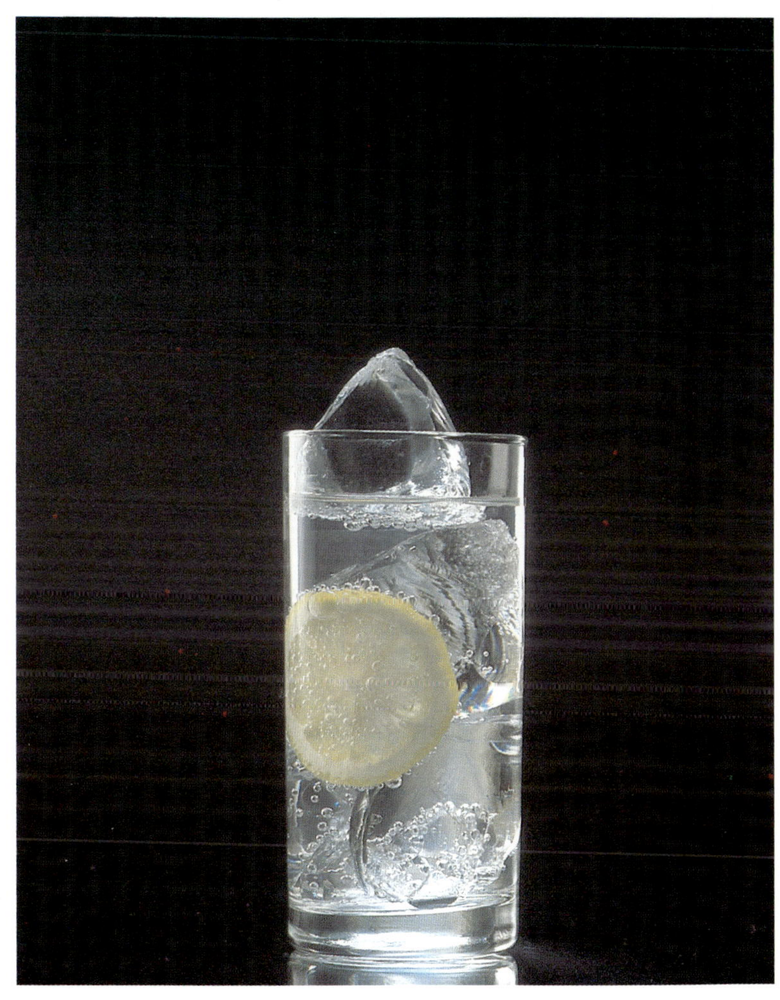

진 토닉(Gin Tonic) 하이 볼 글라스에 얼음, 드라이 진 1 온스를 붓고 토닉 워터로 글라스를 채운다. 잘 저은 다음 레몬으로 장식한다.

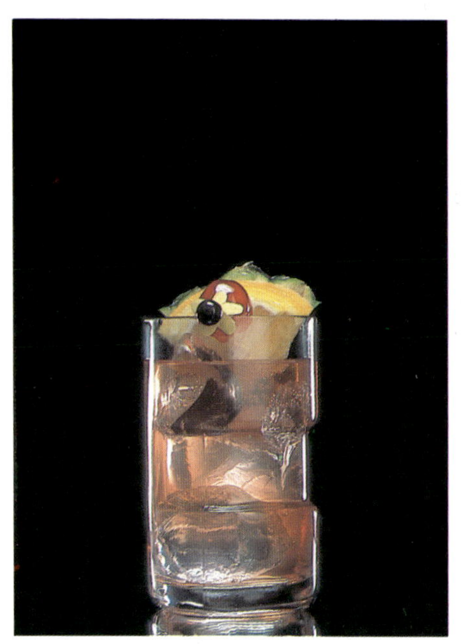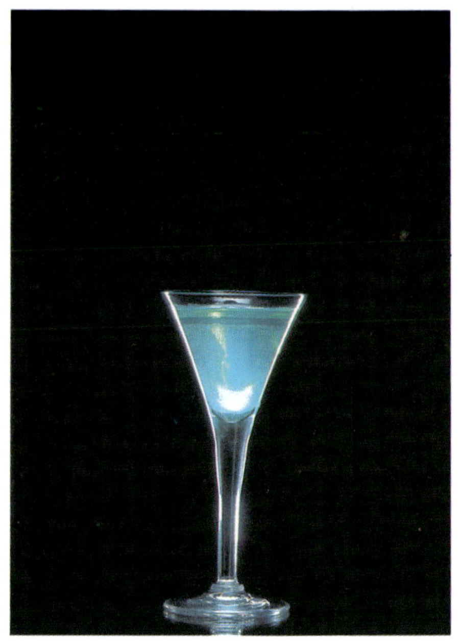

프랜터스 펀치(Planter's Punch)　하이 볼 글라스에 얼음 서너 조각을 담고 럼 1 온스, 라임 쥬스 1/2 온스, 레몬 쥬스 1/2 온스, 그레나딘 시럽 1/3 온스, 앙고스트라 비터 1 대쉬를 넣는다.　소다수로 글라스를 채운 다음 잘 저어 라임 장식을 한다. (왼쪽)

컨티넨탈(Continental)　쉐이커에 얼음, 라이트 럼 1 온스, 라임 쥬스 1/3 온스, 그린 민트 1 티스푼, 설탕 1/2 티스푼을 넣고 잘 흔든 다음 냉각시킨 칵테일 글라스에 얼음을 걸러내며 따른다. (오른쪽)

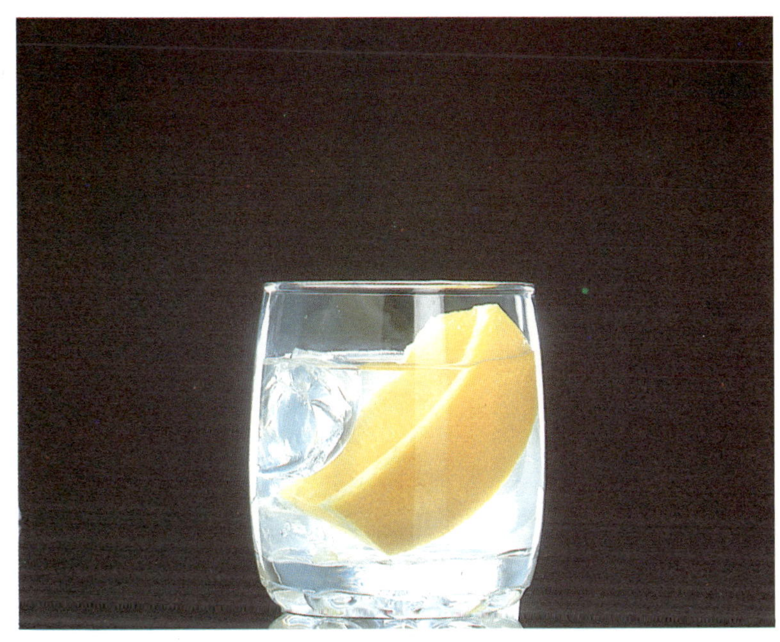

카리브(Carib)　쉐이커에 얼음, 럼 1 온스, 진 1 온스, 라임 쥬스 1/2 온스, 설탕 1 티스푼을 넣고 잘 흔든다. 올드 패션 글라스에 얼음과 함께 따른 다음 오렌지 조각으로 장식한다.

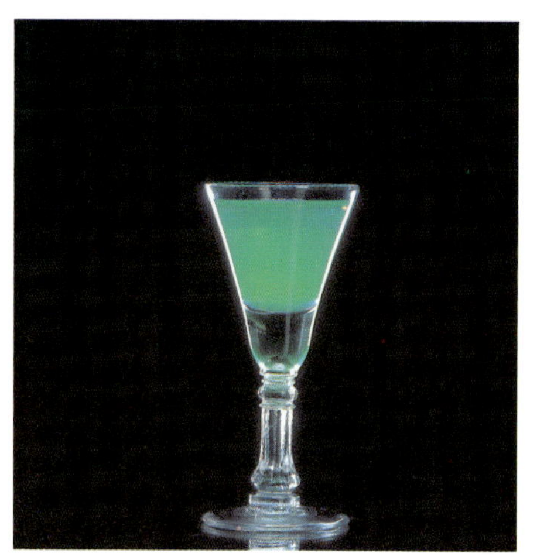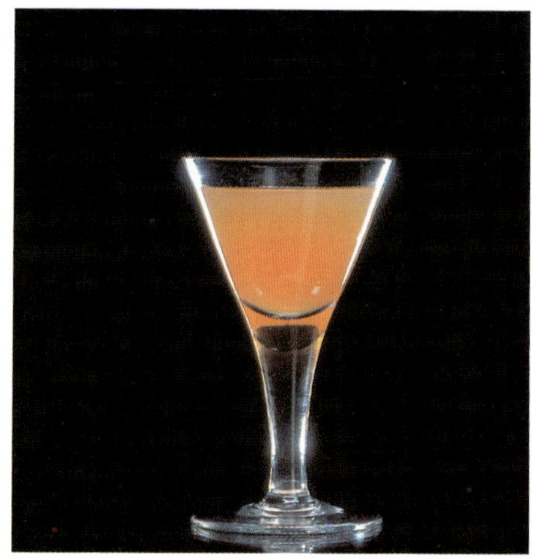

머킹 버드(Mocking Bird)　쉐이커에 얼음, 테킬라 1 온스, 그린민트 1/4 온스, 레몬 쥬스
　　1/4 온스를 넣고 흔든 다음 냉각시킨 칵테일 글라스에 얼음을 걸러내며 따른다.(위 왼쪽)
선잭(Sun Jack)　쉐이커에 얼음, 럼 1 온스, 오렌지 쥬스 1/2 온스, 그레나딘 시럽 1 티
　　스푼을 넣고 잘 흔들어서 냉각시킨 칵테일 글라스에 얼음을 걸러내며 따른다.(위 오른쪽)
마타도르(Martador)　쉐이커에 얼음, 테킬라 1 온스, 파인애플 쥬스 1과 1/2 온스, 레몬
　　쥬스 1/2 온스를 넣고 잘 흔든다. 올드 패션 글라스에 얼음과 함께 따른 다음 과일로 장
　　식한다. (오른쪽)

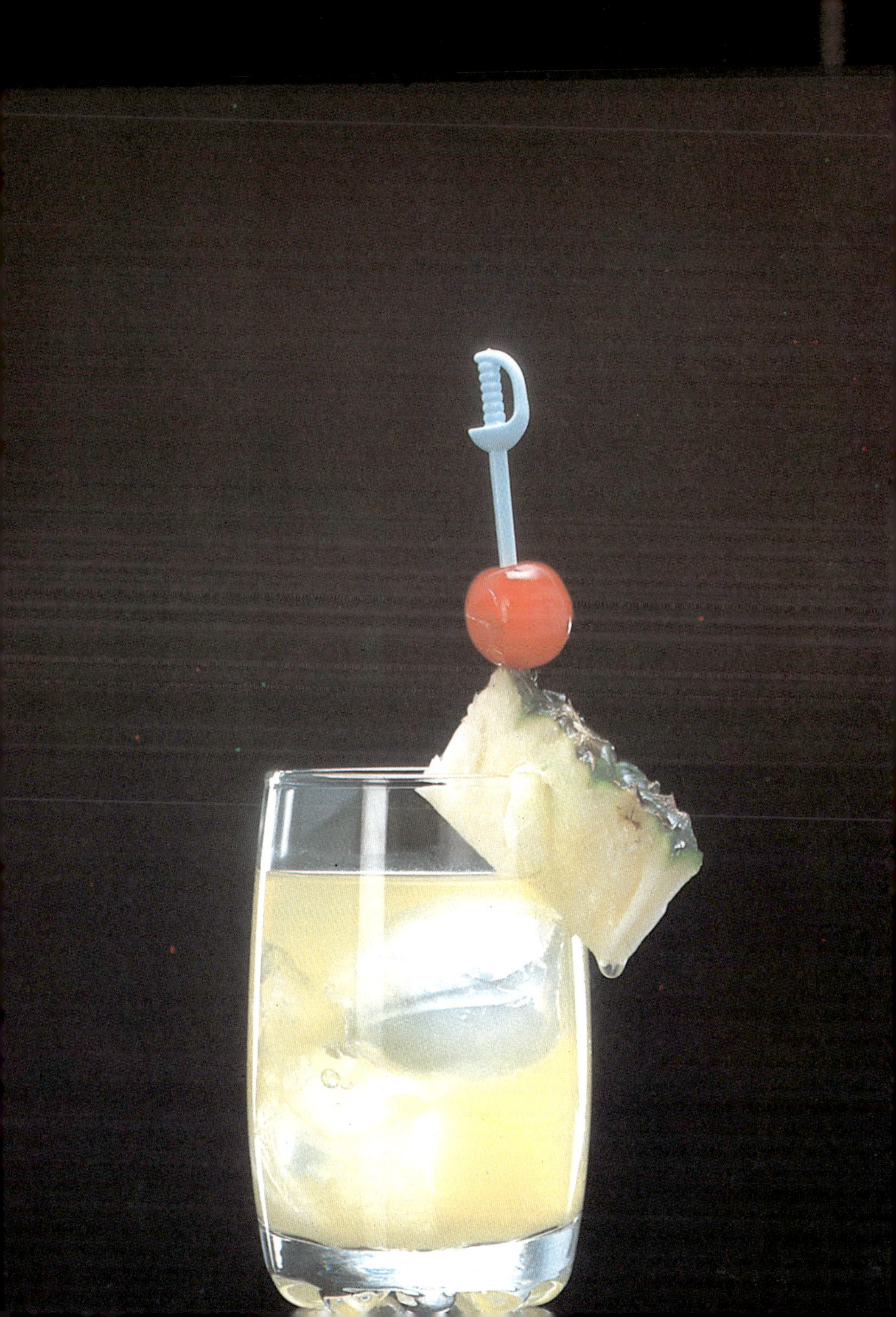

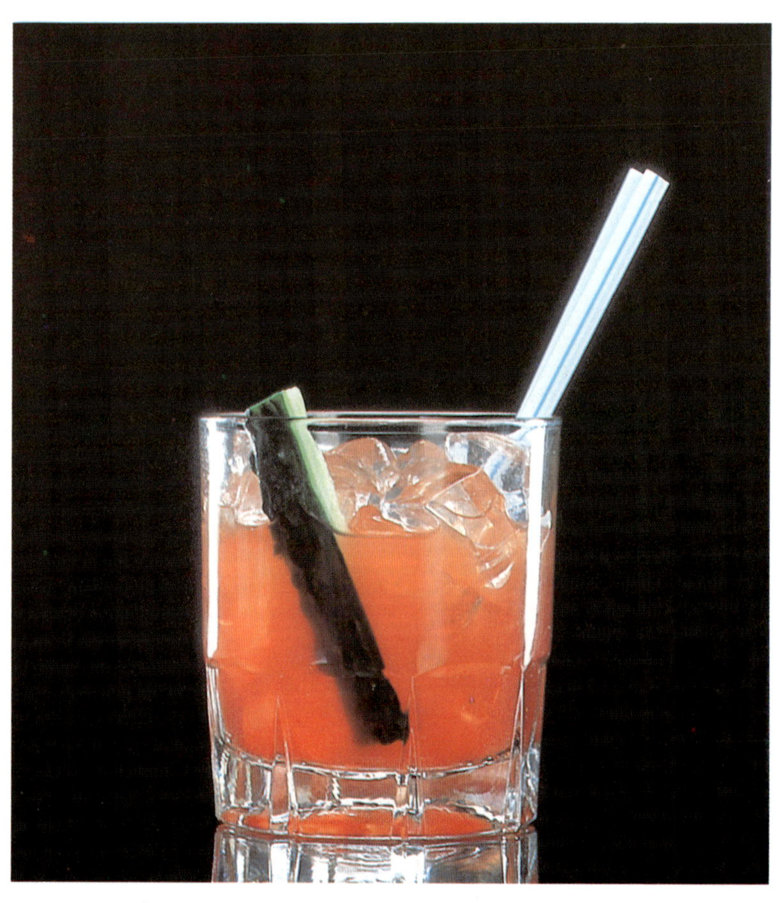

슬로우 테킬라(Sloe Tequila)　쉐이커에 얼음, 테킬라 1 온스, 슬로우 진 1/2 온스, 레몬 쥬스 1/2 온스를 넣고 잘 흔든다. 올드 패션 글라스에 가루 얼음을 담고 쉐이커의 재료를 얼음을 걸러내며 따른다.　오이로 장식을 하고 스트로우를 꽂는다.

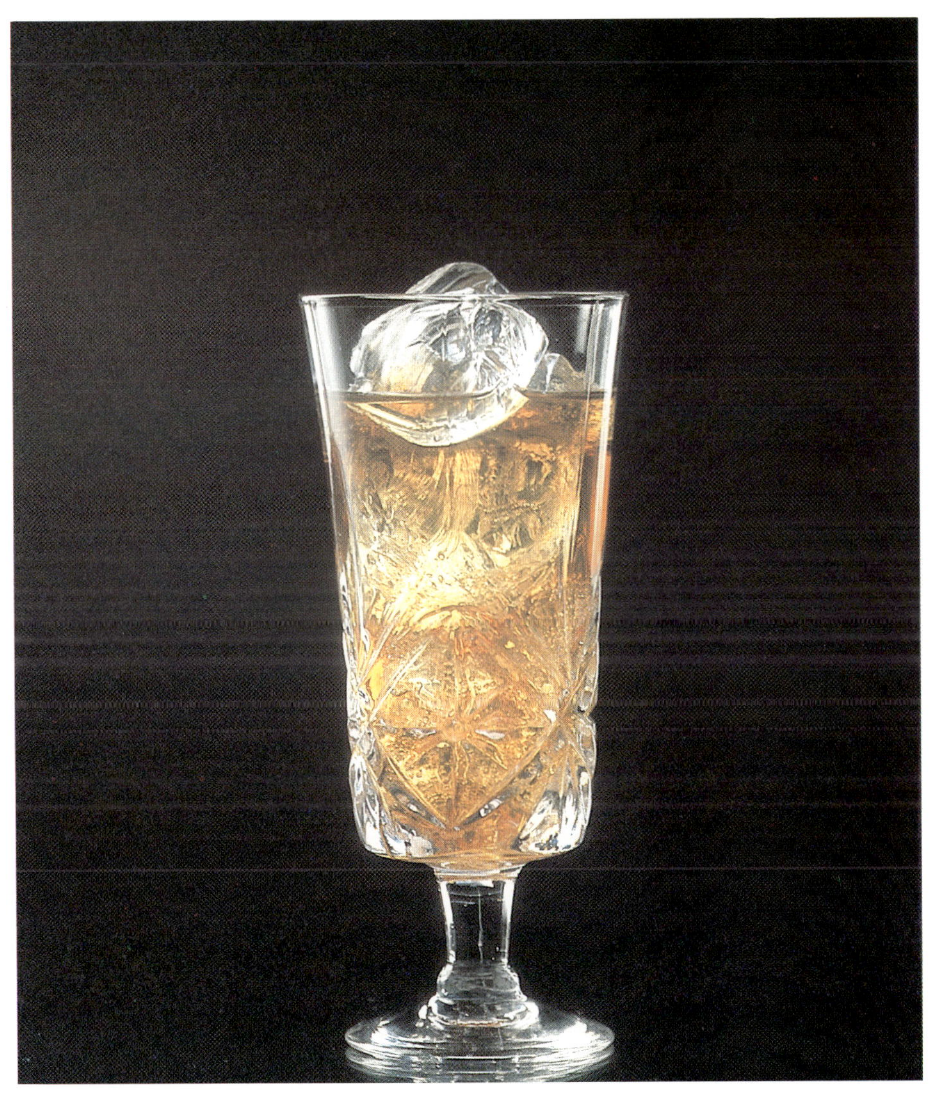

멕시 콜라(Mexi Cola)　하이 볼 글라스에 얼음을 넣고 테킬라 1 온스를 붓는다. 콜라로 잔
  을 채워 잘 저어준다.

슬로우 진 피즈(Sloe Gin Fizz)　칵테일을 만드는 가장 기본적인 방법으로 글라스에 직접
　믹싱한다. (왼쪽)
　컵에 얼음을 채우고 슬로우 진 1 온스를 붓는다. (오른쪽 위)
　카린스 믹서로 잔을 채운다. (오른쪽 가운데)
　바 스푼으로 잘 저어준다. (오른쪽 가운데)
　체리로 장식한다. (오른쪽 아래)

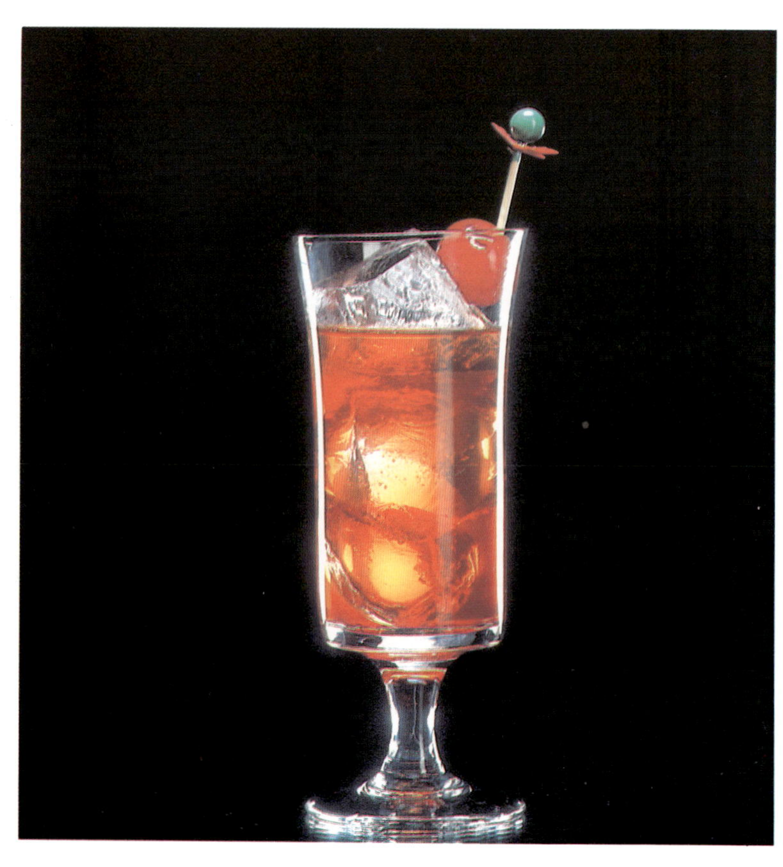

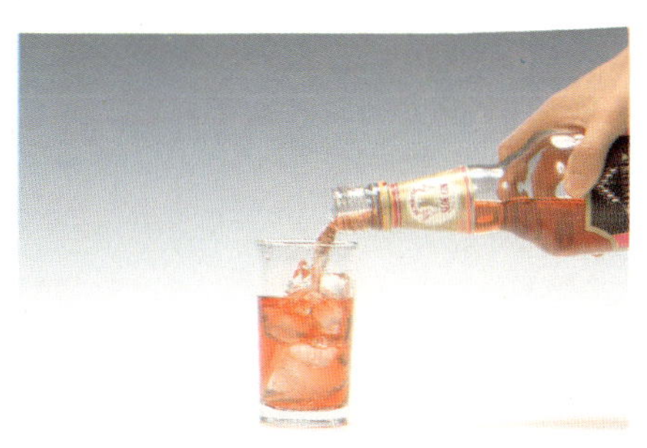

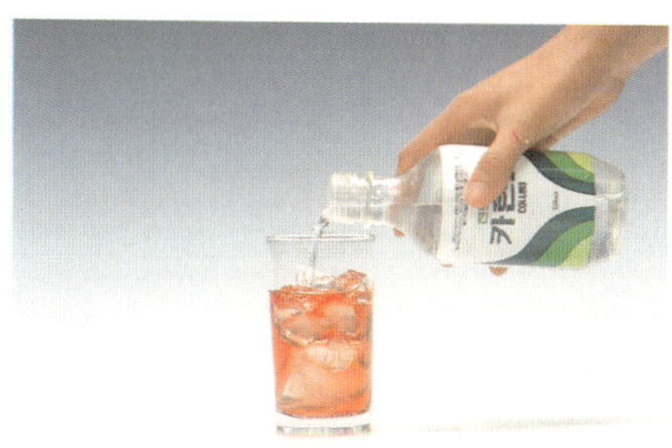

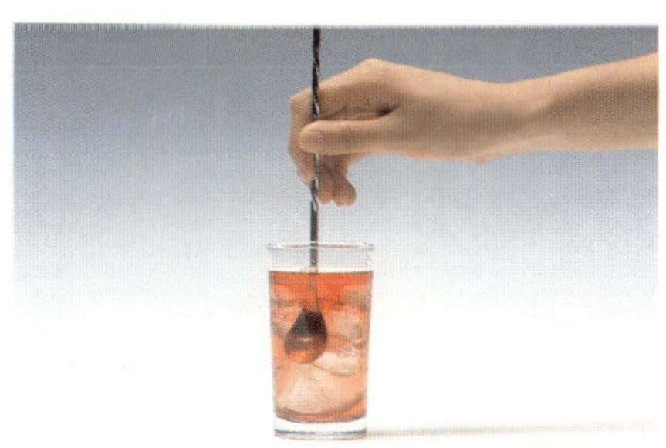

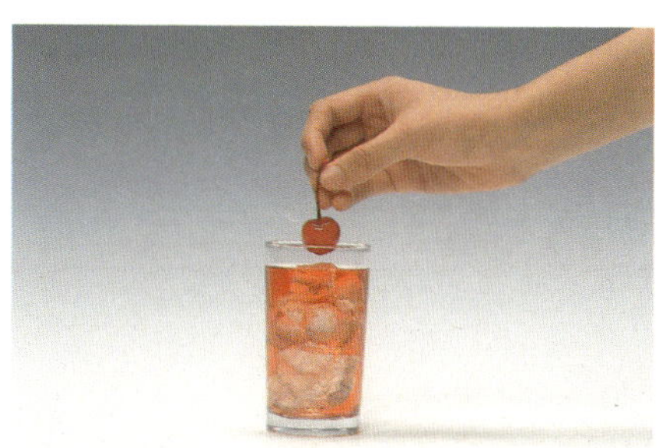

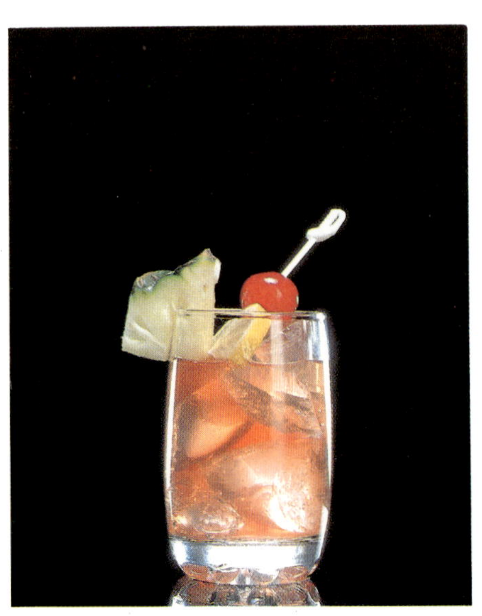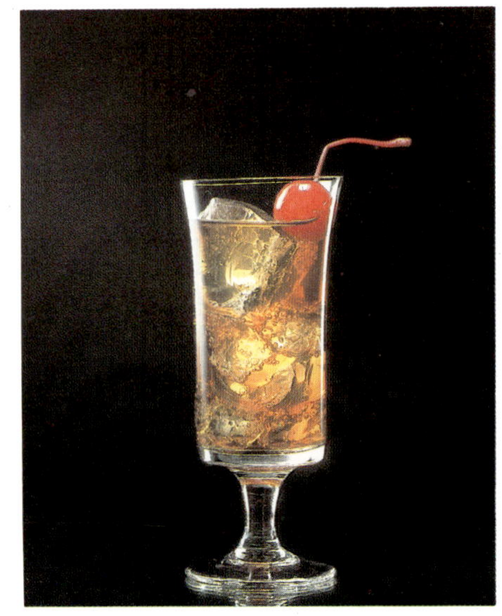

슬로우 진 슬링(Sloe Gin Sling) 쉐이커에 얼음, 슬로우 진 1 온스, 레몬 쥬스 1/3 온스를 넣고 잘 흔든 다음 카린스 글라스에 얼음과 같이 따른다. (왼쪽)

카카오 피즈(Cacao Fizz) 하이 볼 글라스에 얼음을 넣고 카카오 1 온스를 붓는다. 카린스 믹서로 잔을 채워 잘 저어준다. (오른쪽)

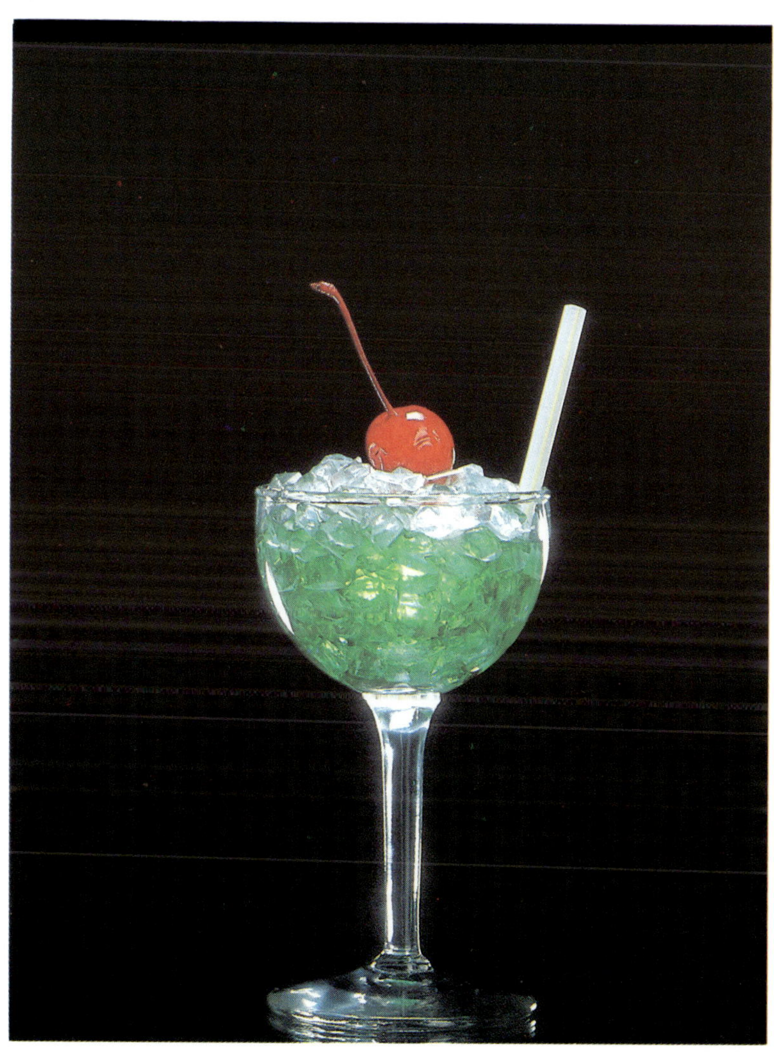

민트 프라페(Mint Frappe)　샴페인 글라스에 가루 얼음을 가득 채우고 그린 민트를 따른
다음 체리로 장식한다.

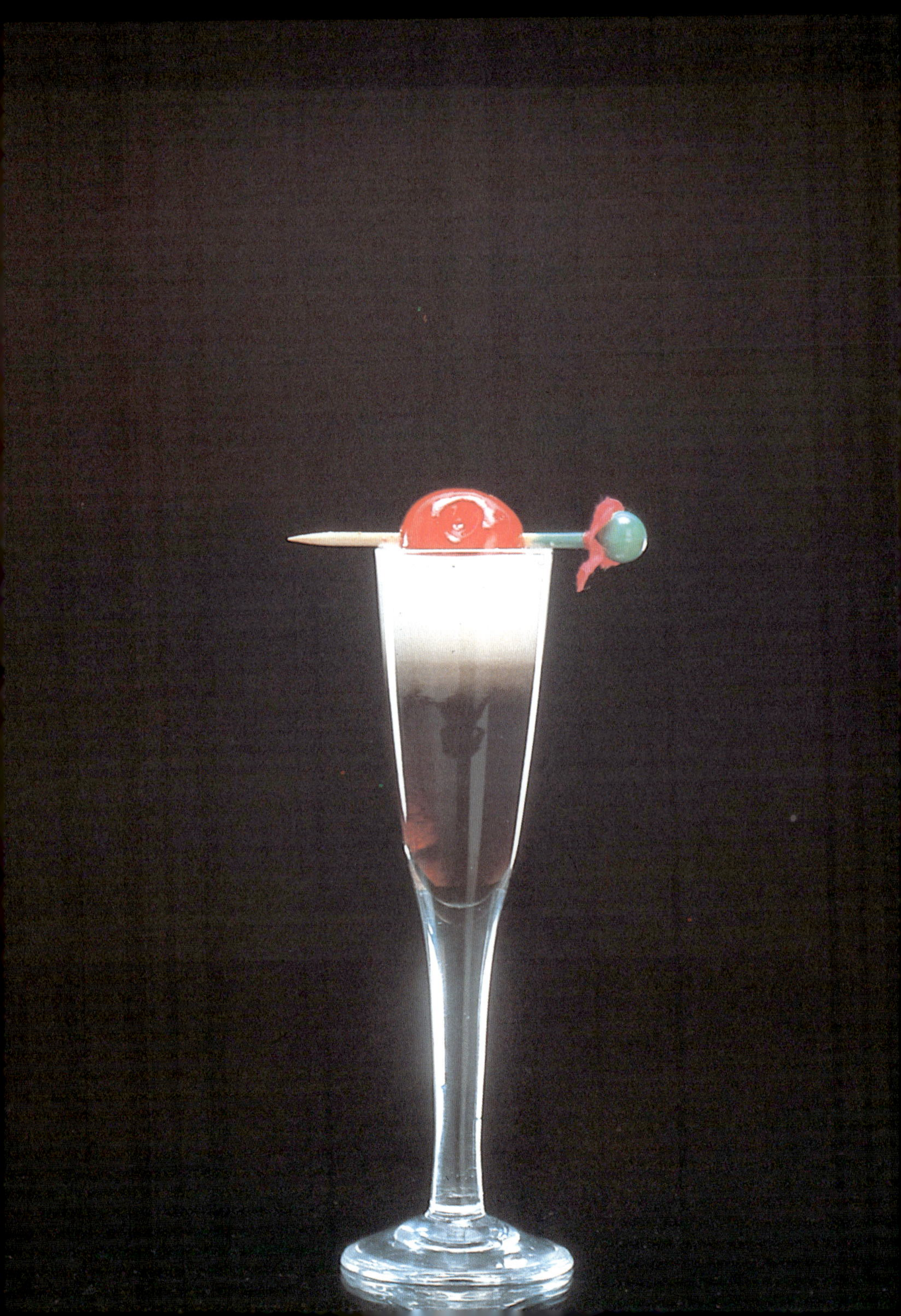

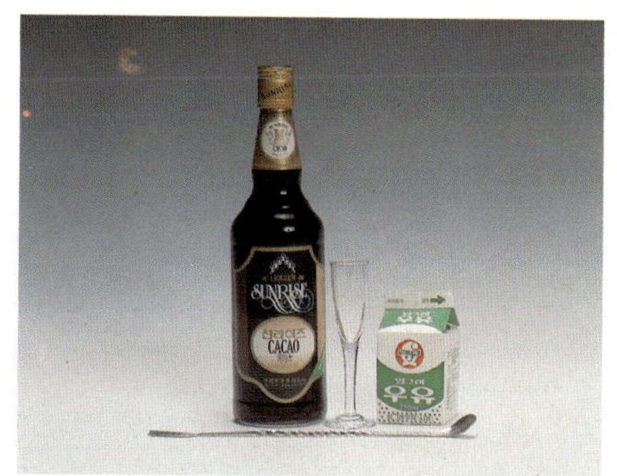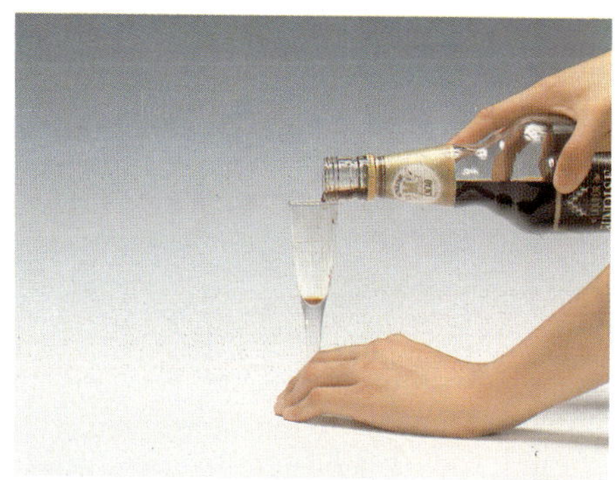

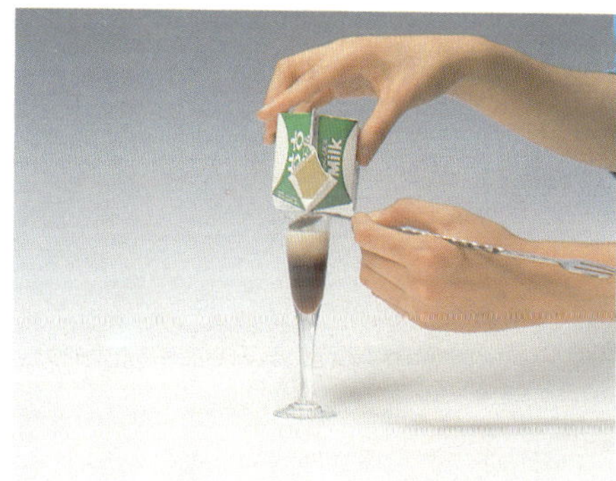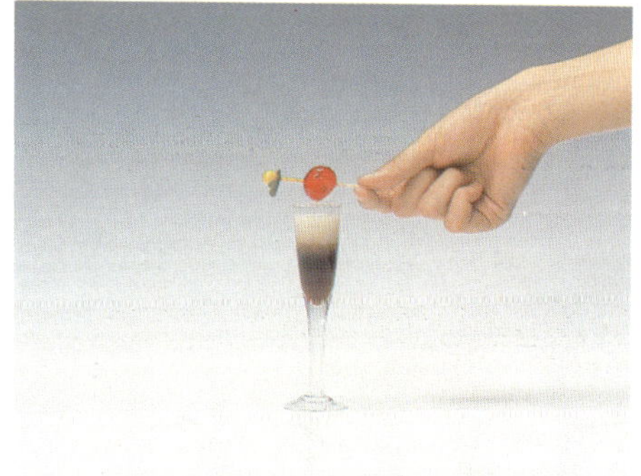

엔젤스 팊(Angel's Tip) 리큐르 글라스에 알코올 도수나 당분 함량의 차이 때문에 생기는 비중의 차이를 이용해서 술을 층층이 쌓이게 하는 플로팅 방법이다. (왼쪽)
카카오, 우유(또는 스위트 크림), 리큐르 글라스, 바 스푼을 준비한다. (위 왼쪽)
글라스에 카카오를 따른다. (위 오른쪽)
글라스 안쪽 벽에 바 스푼을 뒤집어서 가볍게 밀착시킨 다음 우유를 조심스럽게 따라 층이 쌓이게 한다. 여러 층을 쌓을 때에는 비중이 무거운 술부터 따른다. (아래 왼쪽)
체리로 장식한다. (아래 오른쪽)

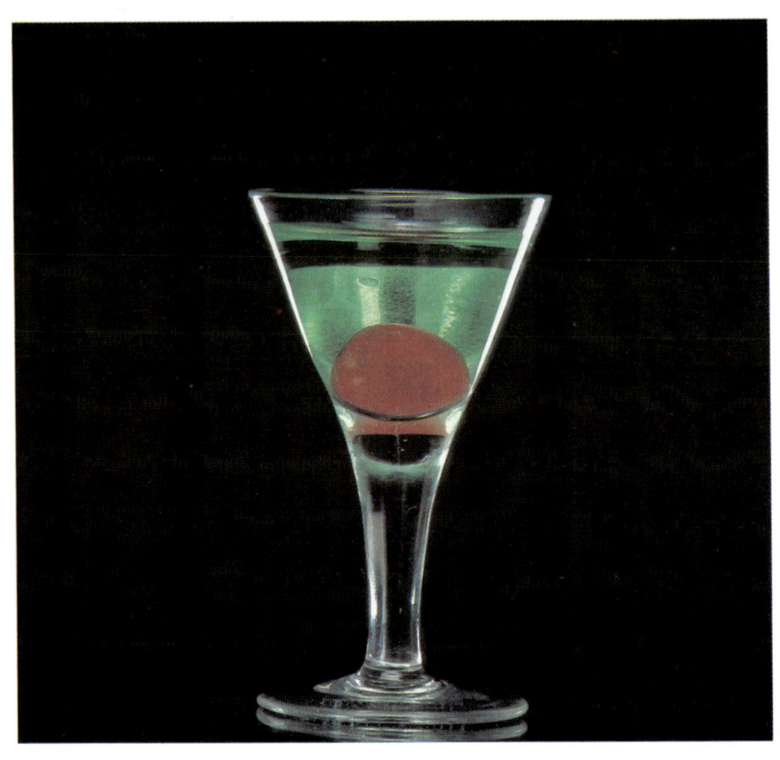

블루 코랄 리프(Blue Coral Reef) 칵테일 기구 가운데 하나인 쉐이커를 써서 만드는 쉐이킹 방법이다.

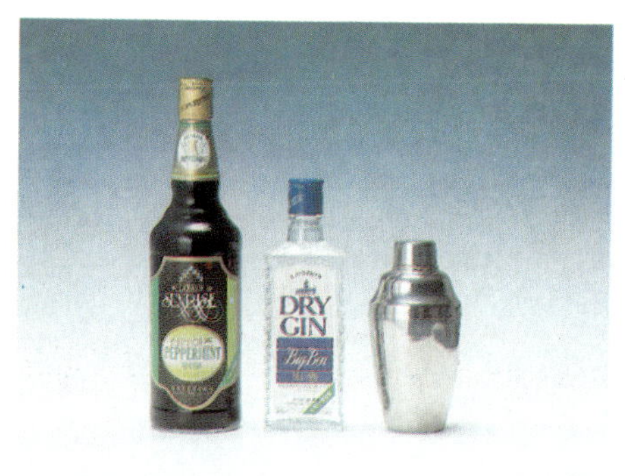 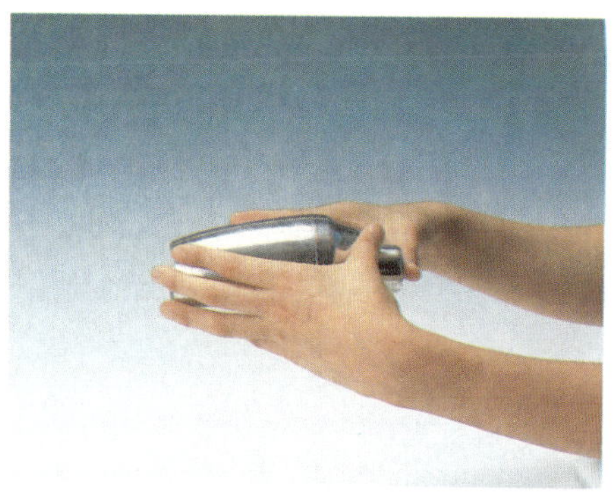

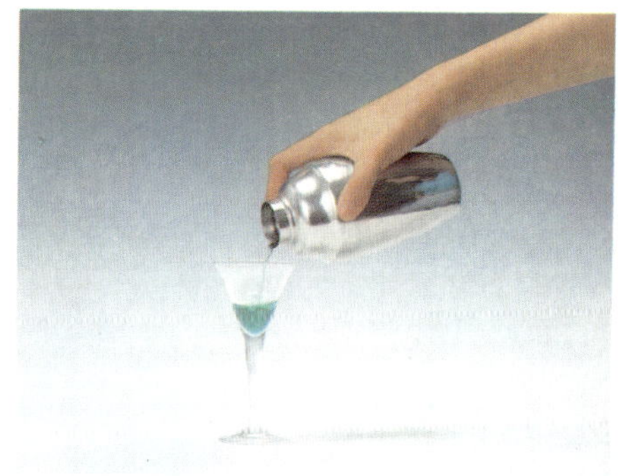 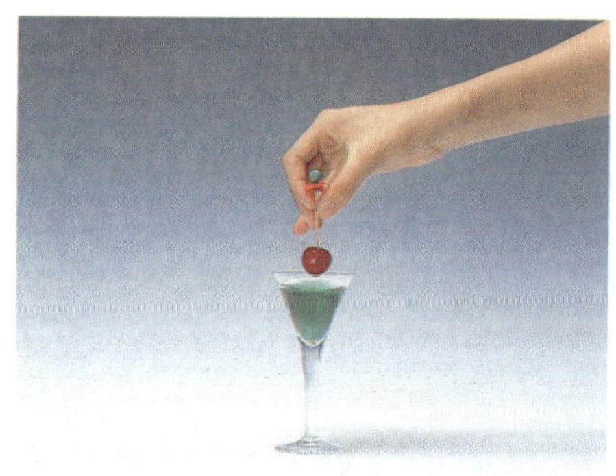

진, 민트, 쉐이커를 준비한다. (위 왼쪽)
쉐이커에 얼음, 진 2/3 온스, 민트 1/3 온스를 넣고 잘 흔든다. (위 오른쪽)
칵테일 글라스 가장자리에 레몬즙을 문질러 둔 다음 쉐이커의 재료를 얼음을 걸러내며
따른다. (아래 왼쪽)
체리로 장식한다. (아래 오른쪽)

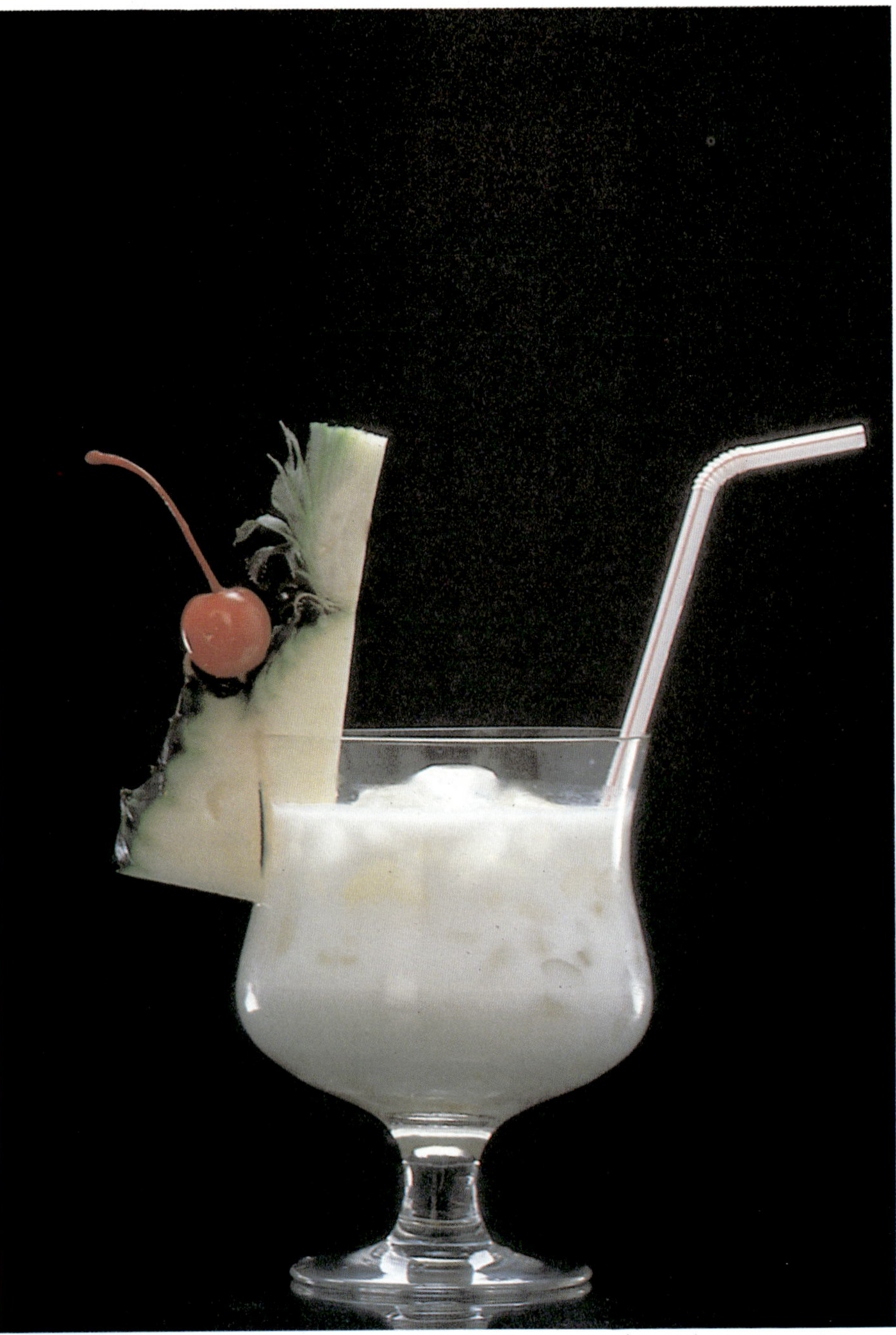

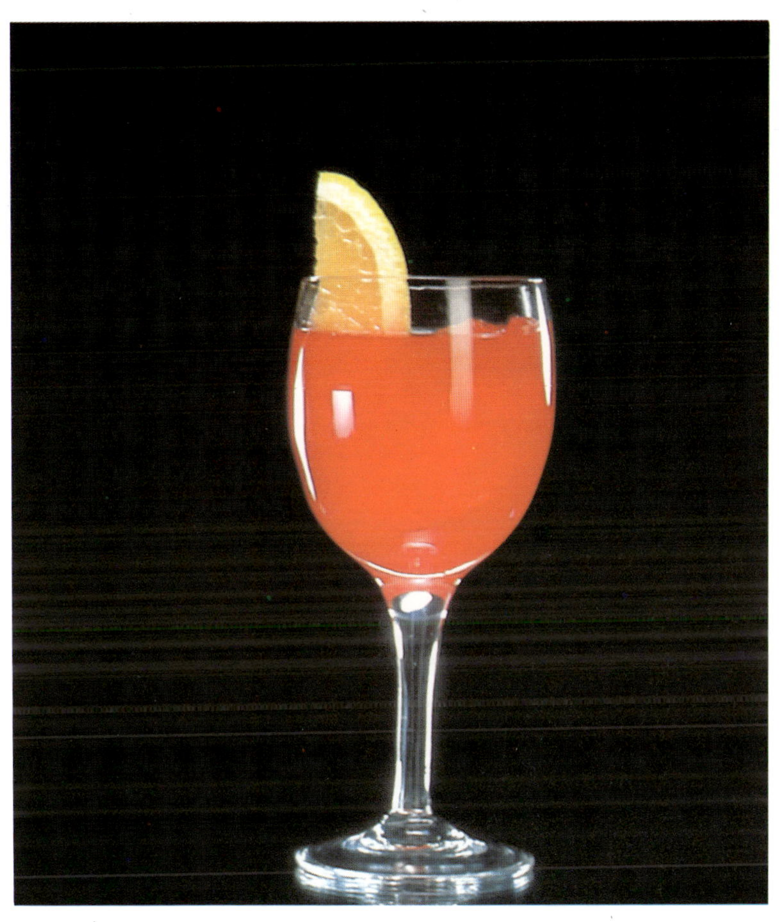

치치(Chi Chi) 쉐이커에 얼음, 보드카 1 온스, 파인애플 쥬스 2와 1/2 온스, 코코넛 시
럽(또는 우유), 스위트 크림을 넣고 잘 흔든다. 고블렛 글라스에 가루 얼음을 담고 쉐이
커의 재료를 얼음을 걸러내며 따른다. 계절 과일로 장식한다. (왼쪽)

슬로우 드라이버(Sloe Driver) 고블렛 글라스에 얼음을 담고 슬로우 진 1 온스를 붓는
다. 오렌지 쥬스로 글라스를 채운 다음 잘 저어서 오렌지로 장식한다. (오른쪽)

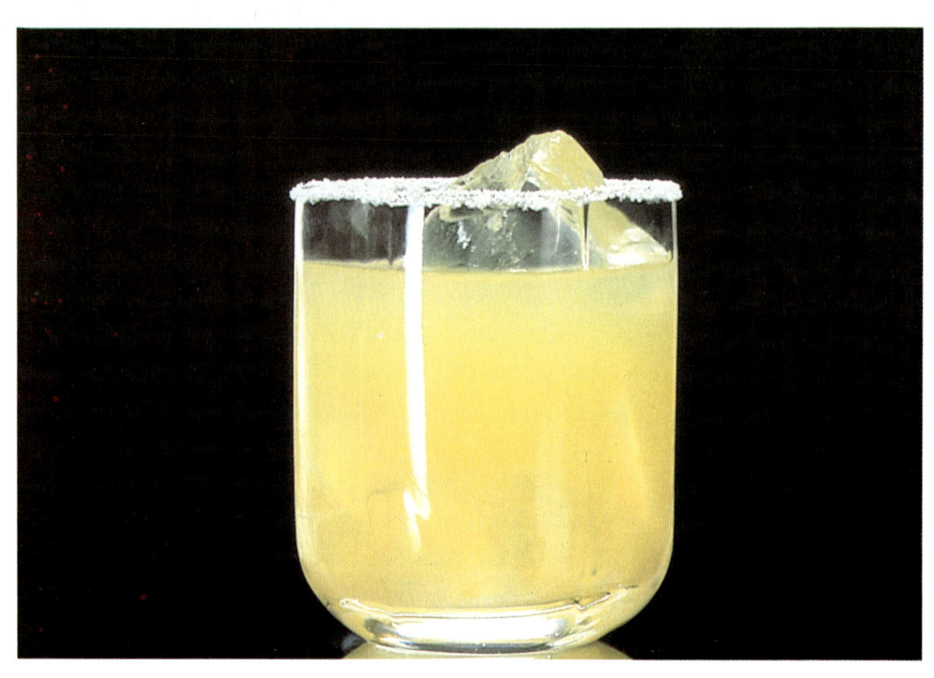

솔티 도그(Salty Dog) 하이 볼 글라스 가장자리에 레몬즙을 문지른 다음 소금을 찍어 놓
는다. 글라스에 얼음, 드라이 진 1 온스를 붓고 그레이프푸르트 쥬스로 잔을 채워 잘 젓
는다.

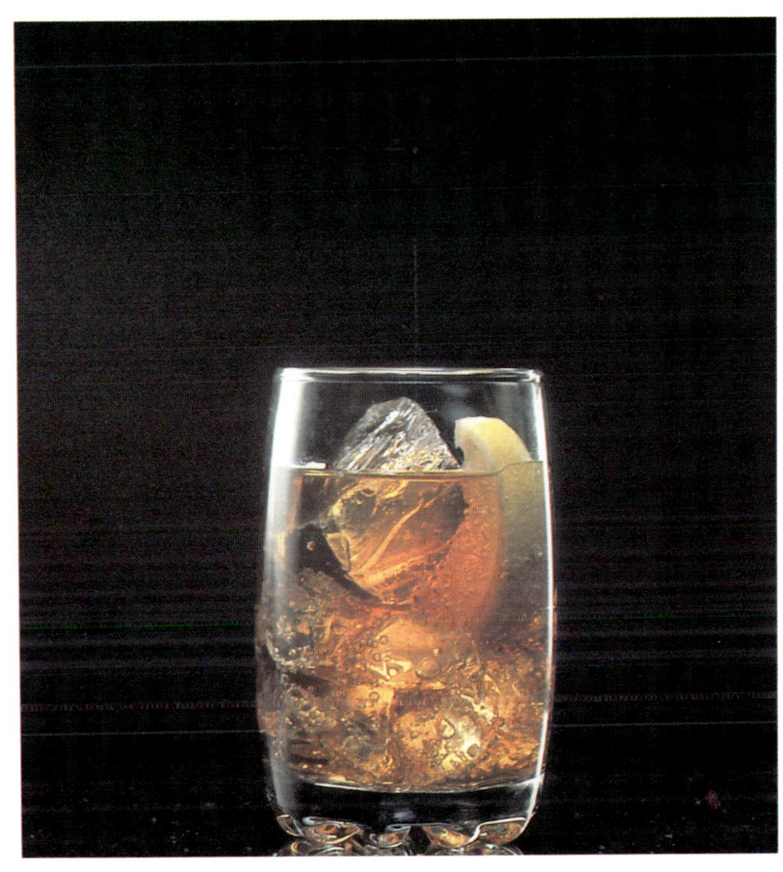

큐바 리브(Cuba Libre) 하이 볼 글라스에 얼음을 넣고 럼 1 온스와 라임 쥬스 1/3 온스
를 부은 다음 콜라로 잔을 채우고 잘 저어준다.

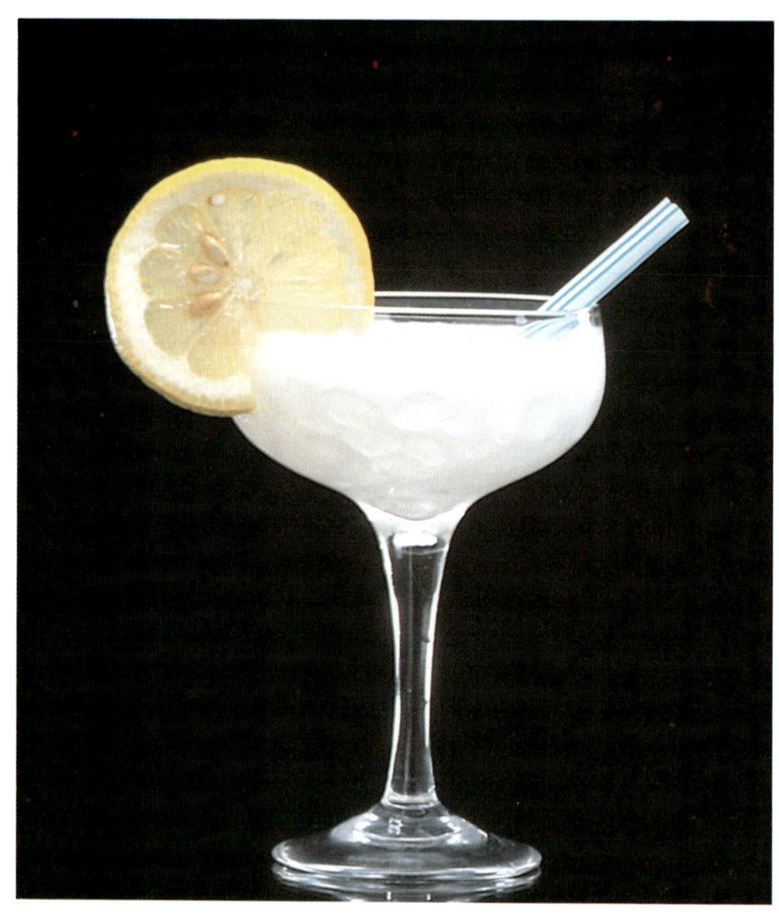

프로젠 다이퀴리(Frozen Daiquiri) 믹서기에 가루 얼음 한 컵, 럼 1 온스, 레몬 쥬스 1/3 온스, 큐라소 1/4 온스를 담고 믹서기를 저속으로 30초쯤 회전시킨다. 샴페인 글라스에 따르고 레몬으로 장식한다. (왼쪽)

스콜피온(Scorpion) 쉐이커에 얼음, 럼 1과 1/2 온스, 브랜디 1 온스, 레몬 쥬스 1/2 온스, 오렌지 쥬스 1/2 온스, 라임 쥬스 1/3 온스를 넣고 잘 흔든다. 고블렛 글라스에 가루 얼음을 가득 담고 쉐이커의 재료를 따른다. 레몬, 오렌지, 체리 그리고 계절에 맞는 과일로 장식한다. (오른쪽)

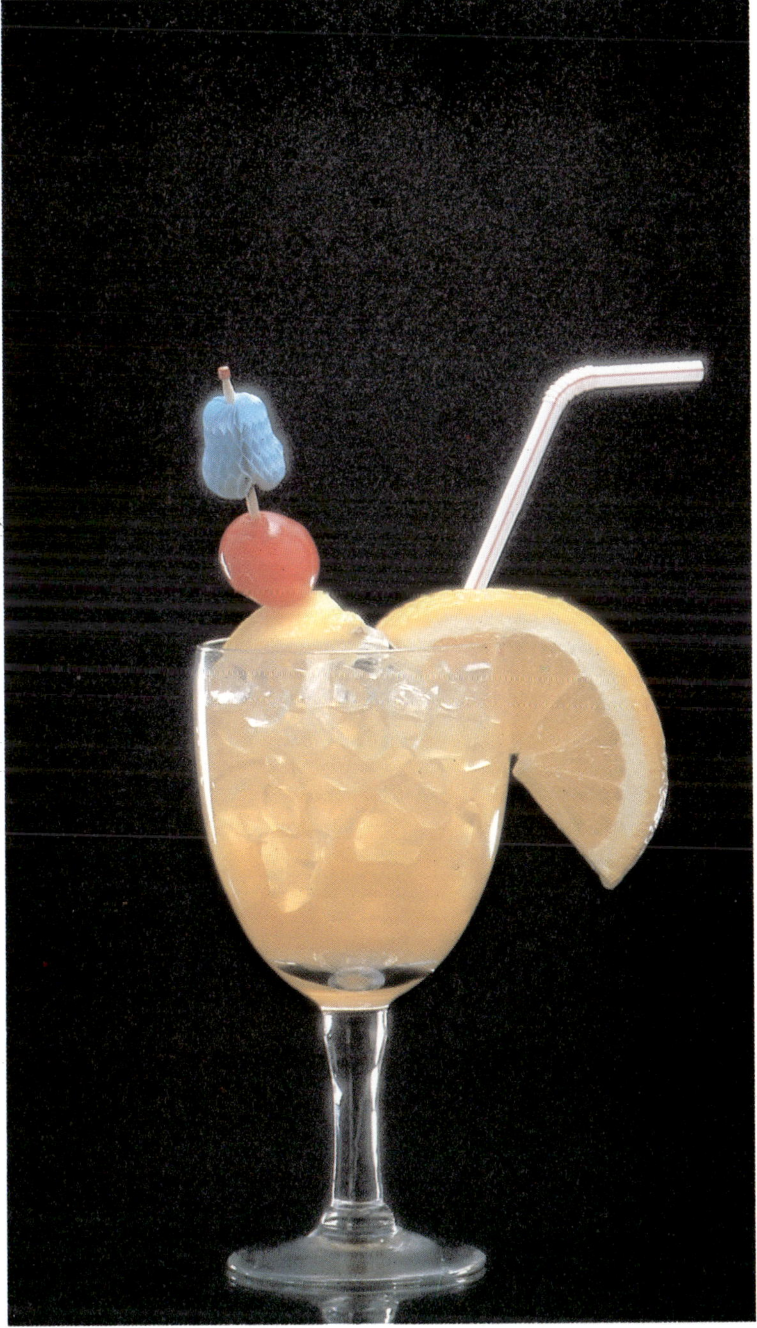

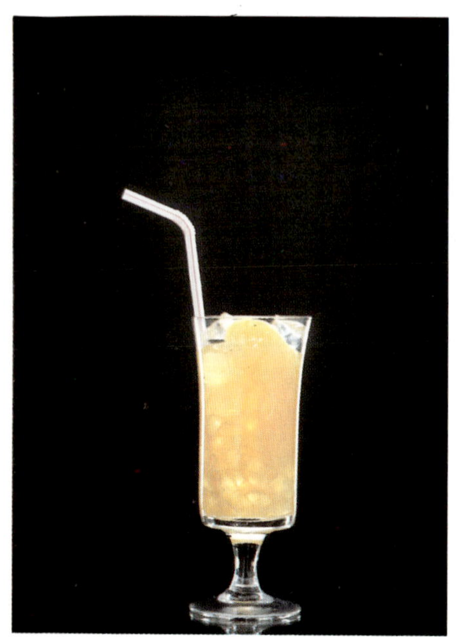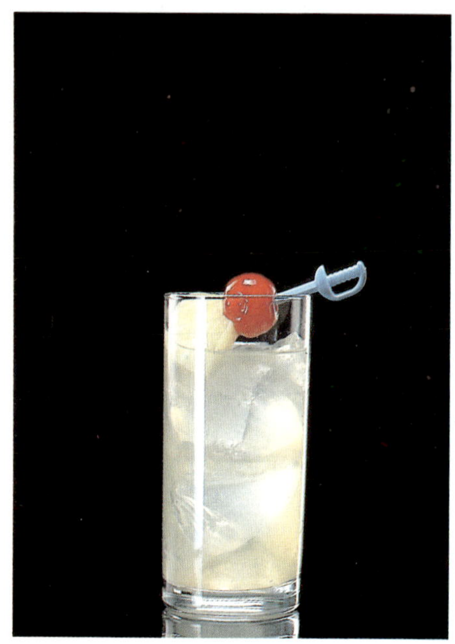

모리아 미스트(Moorea Mist) 쉐이커에 얼음, 진 1 온스, 스위트 버무스 1 온스, 계란 흰
   자 한 개분을 넣고 잘 흔든다. 고블렛 글라스에 가루 얼음을 가득 담고 쉐이커의 재료를
   따른다. 넷멕을 뿌리고 스트로우를 꽂는다. (왼쪽)
파인애플 피즈(Pineapple Fizz) 쉐이커에 얼음, 럼 1 온스, 파인애플 쥬스 1 온스, 설탕
   1/2 티스푼을 넣고 잘 흔들어서 카린스 글라스에 얼음과 같이 따른다. 소다수로 글라
   스를 채우고 과일로 장식한다. (오른쪽)

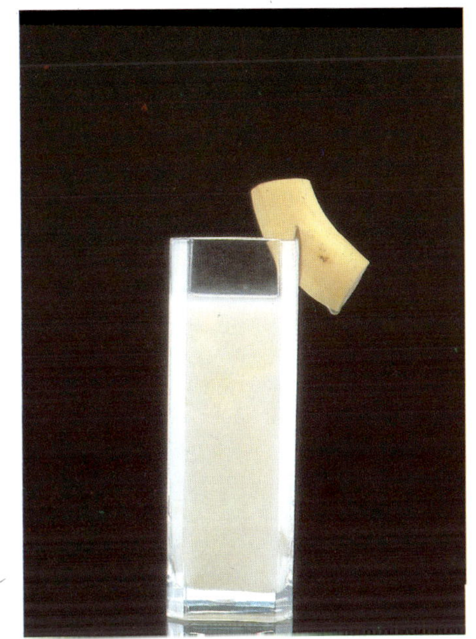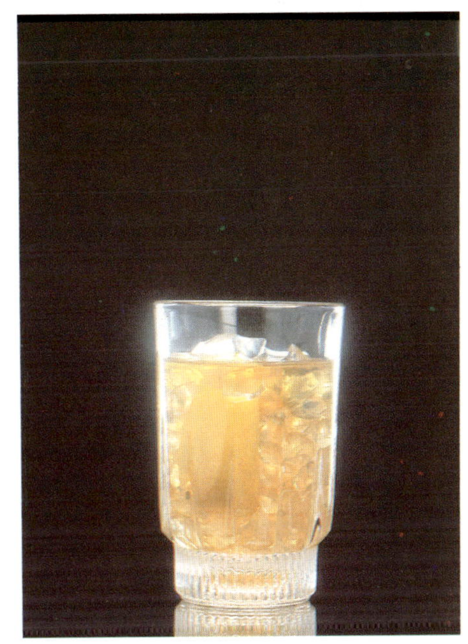

바나나 버드(Banana Bird)　쉐이커에 얼음, 버번 위스키 1 온스, 스위트 크림 1 온스, 바나나 리큐르 1/3 온스, 큐라소 1/3 온스를 넣고 잘 흔든다. 카린스 글라스에 얼음 서너 조각을 넣고 쉐이커의 재료를 따른 다음 바나나로 장식한다. (왼쪽)

위스키 미스트(Whiskey Mist)　올드 패션 글라스에 가루 얼음을 담고 위스키 1 온스를 붓는다. (오른쪽)

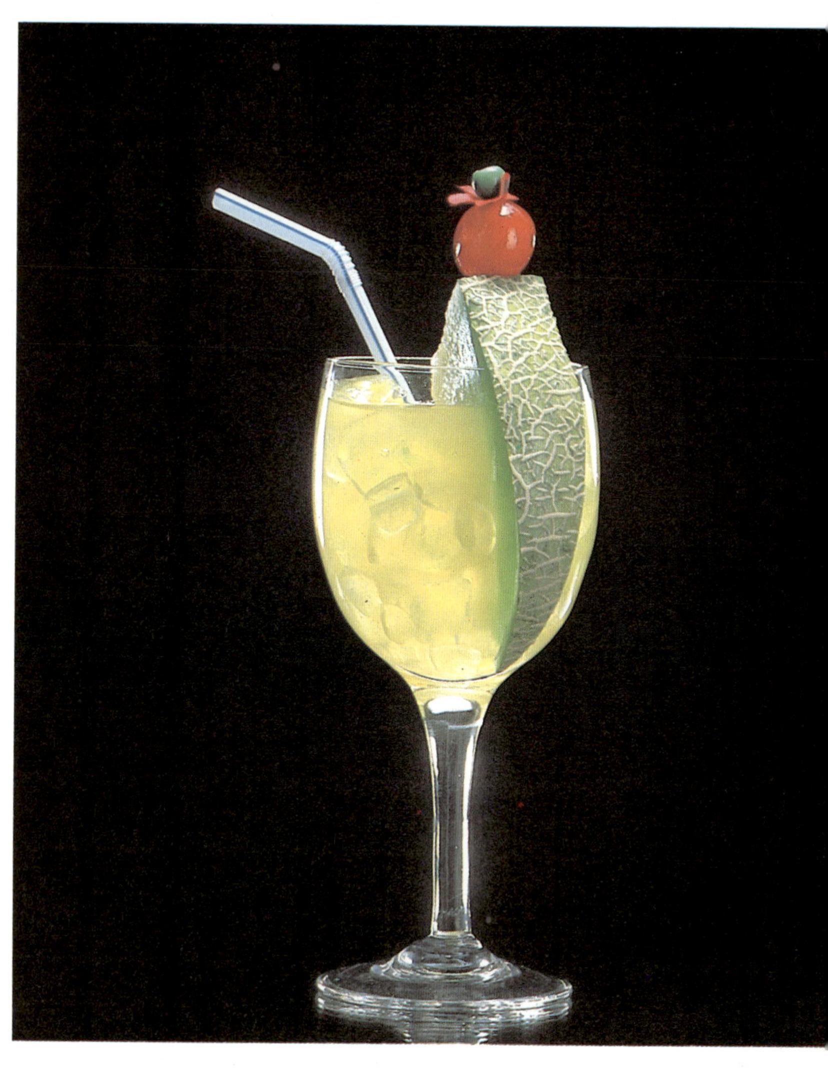

머스크메론(Muskmelon) 믹서기에 잘게 부순 얼음과 럼 1 온스, 라임 쥬스 1/4 온스, 오
렌지 쥬스 1/4 온스, 잘게 썬 메론 1/4 컵을 넣고 믹서기를 느린 속도로 회전시킨 다음
고블렛 글라스에 따른다. 메론 조각으로 장식한다.

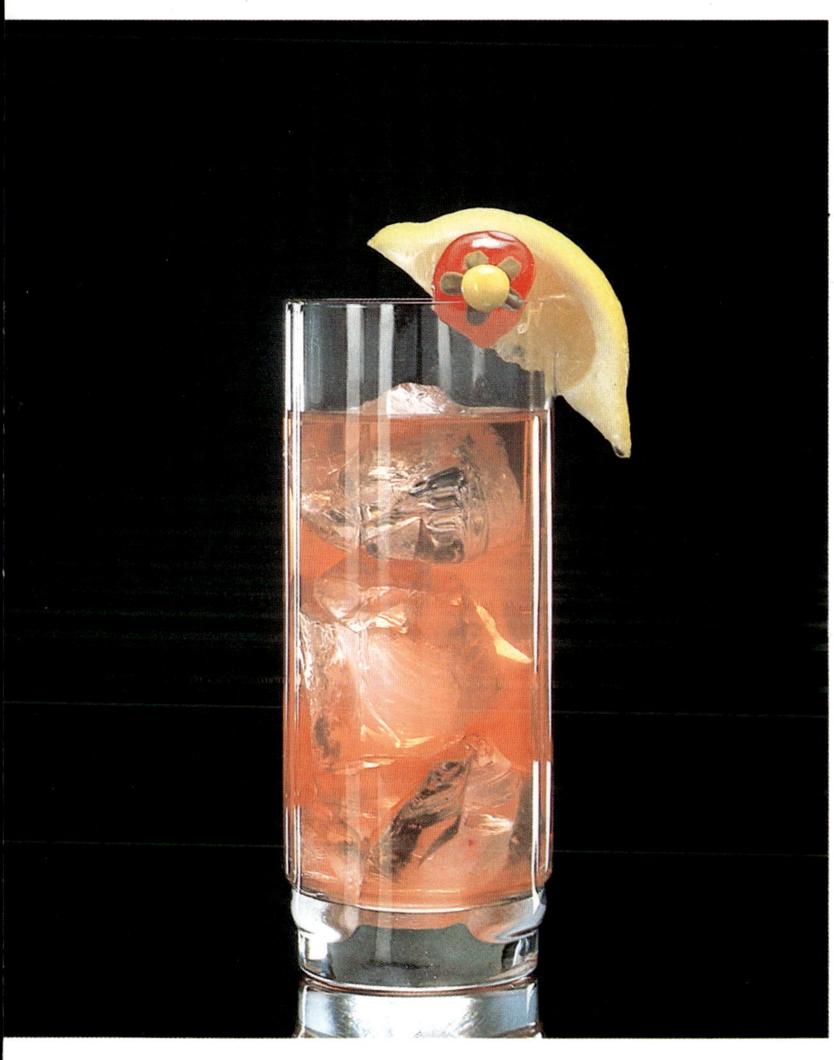

싱가폴 슬링(Singapore Sling)　쉐이커에 얼음, 드라이 진 1 온스, 체리 히링 1/3 온스, 레몬 쥬스 1/4 온스를 넣고 잘 흔든 다음 카린스 글라스에 얼음과 같이 따른다. 소다수 로 글라스를 채우고 잘 저어서 과일로 장식한다.

칵테일

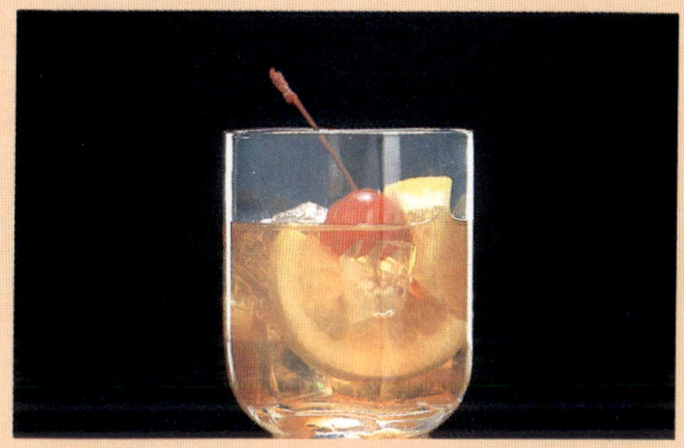

칵테일이란 무엇인가 ?

칵테일은 어떤 술에 두 가지 이상의 재료(다른 술, 과즙 또는 탄산 음료)를 섞어서 새로운 맛과 향기 그리고 색채의 멋진 조화를 만들어 낸 혼합주이다. 이것은 알코올 도수를 낮춘 저알코올 음료인데, 주 재료로 쓰이는 술을 밑술(Base Liquor)이라고 하며 주로 브랜디, 위스키, 진, 보드카, 럼, 테킬라 같은 증류기를 이용해서 농축시킨 술인 증류주가 밑술로 사용된다. 부재료로는 탄산 음료, 쥬스, 계란, 크림, 혼성주 같은 것이 쓰인다. 칵테일은 여러 재료를 사용하여 만드는 것인 만큼 맛, 향기, 색채가 조화를 잃지 않아야 한다. 칵테일의 종류는 셀 수 없을 만큼 많으며 종류마다 만드는 방법이 따로 있다. 대부분의 칵테일은 그 방법에 따라 만들며 개인의 기호에 따라 변화시켜 마시기도 한다. 이런 융통성은 칵테일을 만드는 데 꼭 필요하기는 하지만 너무 자극적인 맛은 지양하는 것이 좋다.

칵테일의 어원

칵테일이라는 이름의 알코올 음료가 언제부터 시작되었는지는 정확하게 알려져 있지 않다. 다만 인간이 술을 만들면서부터 세계 여러 곳에서 행해진 것으로 추측된다. 한 예로, 로마 시대 사람들은 포도주에 수지(樹脂)를 혼합하여 마셨다고 하는데 이것은 오늘날의 칵테일과 매우 흡사하다. 요즈음처럼 기구가 다양하지 않았기 때문에 칵테일을 만드는 기술만 발달하지 않았을 뿐 섞은 음료였다는 것은 칵테일과 별로 차이가 없다.

술에 어떤 재료를 넣어 색다른 맛을 추구하는 칵테일은 엘리자베스 1세 때부터 실제적인 두각을 나타냈다. 그 당시 칵테일의 형태는 퍼시트 (응고시킨 설탕, 뜨거운 우유, 향신료, 가끔 달걀도 추가된 혼합물), 니거스(포도주와 향신료의 혼합물)와 같은 것이었다. 기초적 토대없이 행해지던 이런 것들은 시대의 변천과 함께 각기 특성이 다른 증류주의 제조로 좀더 다양한 형태로 발전했다. 포도주나 맥주를 즐겨 마시던 사람들이 알코올 함량이 높은 증류주에 쉽게 적응하지 못해서 물을 타서 마시고 또 청량 음료와 얼음이 등장했기 때문이다.

특히 1920년부터 1933년까지 열네 해 동안 시행되었던 미국의 금주법은 오늘날 혼합 알코올 음료의 기틀을 만든 중요한 계기가 되었다. 당시의 애주가들은 밀주나 밀수입된 술을 사서 마셨으나 이를 판매하는 업주들은 단속을 피해야 했기 때문에 시각적으로 술이 아닌 것처럼 하기 위해 과일 같은 것으로 장식했는데 이것이 바로 칵테일의 발전을 가져온 것이다.

칵테일이라는 이름이 어떻게 만들어진 것인가에 대해서는 여러 가지 이야기가 전해지지만 어느 것이 정확한 것인지는 알 수 없다. 그 가운데 몇 가지만 소개한다.

1775년 미국의 뉴올리언즈에 살던 프랑스 사람 안트와이너 아마데스 페리시코가 술에 계란을 섞은 음료를 팔았다. 그 당시 대단한 인기를 모았던 이것을 사람들이 프랑스어로 '코크체'라 불렀는데 그 말이 변해서 모든 혼합 음료를 '코크테일'이라고 부르게 되었다.

　미국 독립 전쟁 때에 어느 미망인이 웨스트 체스터에 있는 버지니아 기병대의 군매점에서 근무하고 었었다. 어느날 그녀는 반미(反美) 아일랜드인의 정원에 숨어 들어가 그 집의 자랑거리인 아름다운 꼬리를 가진 수탉을 훔쳐와 병사들을 대접했다. 병사들은 그녀의 용기있는 행동을 칭찬하며 파티를 열었다. 그 파티에서 병사 한 사람이 그녀에게 혼합주를 주문했는데 그 때 그녀는 여러 가지 술을 그릇에 담고 훔친 닭의 꼬리로 술을 휘저었다. 그것을 본 병사들이 환성을 지르며 혼합주를 담은 잔을 들고 '코크 테일(Cock tail) 만세！'라고 외쳤다. 그 뒤로 모든 혼합주를 칵테일이라고 부르게 되었다.

　옛날, 멕시코 유카탄 반도의 칸페체 거리에 영국 배가 입항했다. 배에서 내린 선원들이 어떤 술집에 들어가니 한 소년이 껍질을 깨끗이 벗겨낸 나뭇가지로 혼합주를 섞고 있었다. 선원 한 사람이 그 음료의 이름을 묻자 소년은 나뭇가지의 이름을 묻는 것으로 잘못 알고 '코라 드 카죠'라고 대답했다. 이 말은 스페인 말로 '수탉의 꼬리'라는 뜻이었다. 그 후 그 말이 전해져 혼합주에 칵테일이라는 이름이 붙었다는 것이다.

칵테일 베이스

옛날부터 술은 인간의 문명 생활과 더불어 발전해 왔으며 이제는 서로 뗄 수 없는 관계가 되었다. 술은 예나 지금이나 원료면에서는 별로 차이가 없다. 그러나 제조 방법은 상당한 수준으로 발전했고 그것의 종류도 매우 많아졌다.

양조주와 증류주

술은 제조 방법에 따라 크게 양조주(발효주)와 증류주로 나뉜다. 양조주로는 포도주와 맥주를 들 수 있고 증류주로는 브랜디나 위스키 같은 것을 들 수 있다. 이들 술의 원료를 살펴보면 과일이나 곡물이 대부분이다. 증류주는 중세의 증류 기술에 의해 만들어진 것이므로 양조주가 증류주보다 앞서 만들어진 술이라 할 수 있다. 그러나 가장 먼저 만들어진 술이 어떤 것인지는 확실하게 밝혀진 것이 없고 포도주나 벌꿀술이 유력시되고 있다. 기원전 3500년경 메소포타미아의 점토판에 새겨진 길가 메슈 이야기가 포도주에 관한 최초의 문헌이지만 포도주는 역사 시대 훨씬 이전부터 만들어졌을 것으로 추측하고 있다. 포도주나 벌꿀은 자연 발효가 가능한 것으로서 원시인들이 그들의 생활에서 우연히 발효된 포도나 벌꿀을 발견할 수 있었을 것이고 발효액의 신비성도 알게 되었을 것이다.

인류는 농경 생활을 시작하여 곡식을 얻게 되었고 빵을 만들어 식생활을 하면서 맥주 만드는 법을 알게 되었다. 고대 문명의 발상지인 이집트와 메소포타미아에서는 양조 기술이 발달되어 맥주를 즐겨 마셨으며 그것이 그들의 식생활에 큰 변화를 가져왔다. 중세 유럽에서는 지금과 같이 밀을 첨가한 맥주를 제조하기 시작하여 맥주의 풍미와 질을 향상시켰으며 포도주와 함께 큰 인기를 끌었다. 한편 유럽에서 행해진 연금술은 증류 기술을 낳았고 그 기술을 이용하여 포도주를 증류한 '생명의 물'이 제조되었다. 이것이 오늘날의 브랜디로서 유럽에서 성행하였다. 또 증류 기술은 아일랜드에 보급되어 그들이 마시던 맥주와 같은 술을 증류하여 오늘날의 위스키 원형을 탄생시켰다.

먼저 양조주와 증류주 그리고 혼성주에 대해 알아본다.

양조주

양조주는 술을 만들기 위해서 반드시 거쳐야 할 발효를 통해 얻어지는 가장 기본적인 제법의 술이다. 과실류와 곡물 또는 특정한 식물(사탕수수, 용설란)을 원료로 해서 제조된다. 과일류와 특정한 식물을 원료로 하는 포도주, 사이다 같은 것을 단발효주(單醱酵酒), 곡물을 원료로 하는 청주, 맥주, 막걸리 같은 것을 복발효주(復醱酵酒)라 한다. 이와 같은 양조주는 효모(Yeast)의 성질상 19 퍼센트쯤의 알코올 도수 밖에 얻지 못하므로 오랫 동안 저장할 수가 없다.

증류주

증류주는 양조주의 알코올 함량분을 높이기 위하여 증류기(Distiller)를 사용하여, 농축시킨 술이다. 증류기에는 단식 증류기

(Pot-Still)와 연속식 증류기 (Patent-Still)가 있다. 단식 증류기는 2,3회 증류하여 60 퍼센트에서 80 퍼센트까지의 알코올을, 연속식 증류기는 1회의 증류로 90 퍼센트 이상의 고농도 알코올을 얻을 수 있다. 증류기의 선택은 술의 개성을 결정짓는다. 또한 증류기의 특성과 술의 성격을 고려하여 증류된 알코올을 저장하거나 그대로 상품화시킨다.

혼성주

혼성주는 증류하여 얻은 높은 알코올 성분에 여러 가지 약초나 과일, 뿌리, 씨, 껍질 같은 것을 첨가하여 맛, 향기, 색채를 다양하게 한 술이다. 이 술은 주로 식사 후에 입 냄새를 없애기 위해 마시며, 칵테일을 만들 때 조미주(Spice Liquor)로도 많이 사용한다. 카카오(Cacao), 민트(Mint), 슬로우 진(Sloe-Gin) 같은 다양한 제품이 각 국에서 생산되고 있다.

칵테일 베이스

증류주는 칵테일의 밑술 곧 칵테일의 베이스로 사용한다. 포도주를 증류하여 만든 브랜디(Brandy), 보리를 사용한 양조주를 증류하여 만든 위스키(Whiskey), 보리 이외의 곡물을 사용한 양조주를 증류하여 만든 진(Gin)과 보드카(Vodka), 사탕수수를 원료로 한 양조주를 증류하여 만든 럼(Rum)과 같은 증류주를 칵테일 밑술의 '5대 증류주'라고 한다. 그 밖에 멕시코 올림픽 이후 알려진 테퀼라(Tequila)와 노르웨이, 스웨덴, 덴마크 같은 북유럽에서 즐겨 마시는 아쿠아비트(Aquavit)가 혼성주인 리큐르(Liqueur)와 함께 밑술로 사용된다.

브랜디(Brandy)

고풍스러운 분위기와 황금과 같은 빛깔 그리고 호사스럽다고 할 수 있는 맛과 향기를 가진 브랜디는 술 중의 술로 알려져 있다. 브랜디의 어원은 홀랜드어의 브란데 웨인(Brande Wijin)이 영어의 브랜디(Brandy)로 변한 것이다. '브란데 웨인'이란 '불에 태운 포도주'라는 뜻으로 아래와 같은 이야기에서 비롯된 말이다.

16 세기 프랑스 샤랑트 강의 라로셀 항구에 홀랜드 상인들이 왕래하였다. 그들은 포도주를 작은 배에 많이 싣고 다니기 위해 포도주를 졸여서 운반한 다음 여기에 물을 타서 팔려고 하였는데 졸인 포도주의 맛이 더 좋아서 '불에 태운 포도주'라는 이름으로 그냥 판매하게 되었던 것이다. 그러나 포도주를 증류하는 기술은 그 전부터 행해졌다고 한다. 14 세기 초 스페인의 의사이며 연금술사인 아르노우드 빌르누우브(Arnaud Villeneuve)가 연금술을 연구하면서 실패를 거듭하다가 우연히 실험 비이커에 자신이 즐겨 마시던 포도주를 부어 보았다. 그 순간 비이커에 연결된 나선관을 거쳐 한쪽으로 무색 투명하면서 포도주보다 더 강렬하고 향기가 있는 액체가 생겼다. 이것을 그는 라틴어로 아쿠아 비테(Aqua Vitae, 생명의 물)라고 부르고 불로장수의 영약으로 취급하였다. 아르노우드의 증류 기술이 15 세기 말 프랑스 알사스 지방으로 보급되었고, 같은 시기에 꼬냑(Cognac) 지방에서는 홀랜드 상인들의 권유로 아르노우드의 증류 기술을 이용하여 '불에 태운 포도주'를 생산하게 되었다. 현재의 브랜디에 비하면 보잘것없는 것이었으나 독특한 향기와 맛이 당시 사람들의 마음을 사로잡았다. 이것이 바로 나중에 '꼬냑'(Cognac)이란 이름으로 명성을 얻게 된 브랜디의 시작이다.

브랜디는 세계 여러 나라에서 생산되는데 포도주가 나오는 곳이면 어디서나 가능하다. 또 포도주말고 다른 과일주를 발효, 증류시키는 과일 브랜디도 있다.

꼬냑(Cognac)　　프랑스 꼬냑 지방산인 브랜디이다.

알마냑(Armagnac)　　프랑스 알마냑 지방산인 브랜디이다.

브랜디(Brandy)　　꼬냑이나 알마냑 이외의 브랜디를 말한다.

과일 브랜디(Fruits Brandy)　　포도주가 아닌 다른 과일주를 발효, 증류시킨 브랜디로 프랑스 노르망디 지방의 특산물인 사과로 만든 칼바도스(Calvados)가 가장 유명하다.

위스키(Whisky, Whiskey)

위스키는 보리에 싹을 낸 맥아, 옥수수, 호밀 같은 곡물을 발효, 증류시킨 것이다. 오랜 저장 기간을 거치면서 풍부한 향과 호박색의 빛깔을 띠는 위스키는 애주가들의 많은 사랑을 받는 품격 높은 술이다. 위스키 또한 연금술 때문에 생겨난 술인데 포도주를 증류하는 기술을 전해받은 스코틀랜드 사람들이 포도주 대신 맥주를 증류한 강렬한 술을 만들어 우스게 바하(Uisge Beatha)라 했다. 이 말은 라틴어의 아쿠이 비테 곧 생명의 물과 같은 의미이다. 우스게 바하는 우스게베이야(Uisgebaugh), 우스키(Usky)를 거쳐 위스키(Whisky)라고 부르게 되었다. Whisk(e)y의 철자 중 끝부분 'k(e)y'는 미국과 아일랜드에서는 key로 그 밖에 다른 나라에서는 ky로 쓴다. 간혹 미국에서 ky로 표기되는 것도 있다.

위스키는 세계 여러 나라에서 생산되고 있는데 시장 점유율이 높은 술로 알려져 있다. 위스키는 산지에 따라 원료, 제법에서 각각 다른 특징을 지닌다.

스카치 위스키(Scotch Whisky)　　영국의 북부 스코틀랜드에서 제조되는 위스키를 총칭한다. 스카치 위스키는 보리의 맥아만을 원료로 해서 단식 증류기로 제조한 몰트 위스키(Malt Whisky), 옥수수를 원료로 하여 연속 증류기로 제조한 그레인 위스키(Grain Whisky), 몰트 위스키와 그레인 위스키를 2대 3의 비율로 혼합한

브렌디드 스카치 위스키 (Blended-Scotch Whisky)의 세 가지가 있
다. 현재 시판되는 스카치 위스키 가운데 98 퍼센트를 차지하는 것
이 브렌디드 스카치 위스키로 보통 브렌디드란 말을 생략하고 스카
치 위스키라고 부른다.

아메리칸 위스키(American Whiskey)　미국에서 만드는 위
스키의 총칭이다. 미국에서는 33 가지 형의 위스키가 생산되는데 그
가운데에 98 퍼센트가 스트레이트 위스키(Straight Whiskey)와 브
렌디드 위스키(Blended Whiskey)로 구분된다. 스트레이트 위스키
는 보리, 옥수수, 호밀 가운데 하나를 51 퍼센트 이상 사용하여 두
해 넘게 숙성시킨 위스키이고, 브렌디드 위스키는 스트레이트 위스
키 20 퍼센트쯤과 중화곡주(Neutral Grain Spirit) 80 퍼센트쯤을 혼
합하여 만든 위스키이다. 미국 술을 대표하는 버번 위스키(Bourbon
Whiskey)가 스트레이트 위스키에 속한다.

아이리쉬 위스키(Irish Whiskey)　아일랜드 공화국에서 생
산하는 위스키이다. 스카치 위스키와 비슷한 맛이 나며 몰트 위스키
와 그레인 위스키 두 가지로 생산한 다음 세 해 넘게 저장했다가 혼
합(Blended)하여 병에 담는다. 스카치 위스키보다 색이 짙으며 강
한 맛이 난다.

캐나다 위스키(Canadian Whisky)　캐나다 술은 모두가 브
렌디드 위스키이다. 옥수수, 보리, 호밀 들을 원료로 많이 사용하며
미국이 주요 시장이므로 미국식 위스키를 만들고 있다.

위스키는 다음과 같이 만든다. 우선 제조 보리를 물에 담가 싹을
내어 엿기름을 만든다. 이것을 몰트라고 한다. 그 다음에 엿기름을
건조하여 분쇄하는데 이 때 스카치 위스키는 토탄으로, 아이리쉬 위
스키는 석탄으로 건조시킨다. 스카치 위스키의 스모크향이 이 때 생
긴다. 분쇄된 엿기름에 온수를 부으면 당화액으로 만들어지며 이를
맥즙이라고 한다. 맥즙에 배양효모를 첨가하여 발효시키고 발효가

끝난 다음 단식 증류기로 증류한다. 그레인 위스키는 연속식 증류기로 한다. 스카치 위스키는 쉐리와인(스페인 포도주)을 담았던 헌 통에 저장, 숙성시키며 미국의 버번 위스키는 안쪽을 불에 태운 오크 통에 저장하는데 버번 위스키의 스모크향이 이 때 생긴다. 마무리 작업으로 노련한 혼합사에 의해 혼합이 이루어지며 이 과정이 끝나면 상품이 된다.

진(Gin)

산뜻한 향이 감도는 무색 투명한 술로 1660년 홀랜드의 라이덴 대학 의학 교수인 프란시스쿠스 드 라 보에 (Franciscus De La Boe)가 만들었다. 그는 그 당시 약효가 있다고 인정되던 쥬니퍼 베리(노간주나무 열매)를 알코올에 침전시켜 증류하여 새로운 약용주를 만들었다. 이것을 약국에서 쥬니에브르라는 이름을 붙여 이뇨, 해열, 건위에 효과가 있는 의약품으로 판매했다. 쥬니에브르는 쥬니퍼 베리 (Juniper-Berry)의 프링스이 쥬니브리에(Gencvrier)의 옛 말인 쥬니에브르를 그대로 사용한 것이다. 이 새로운 약용주는 쥬니퍼 베리의 산뜻한 방향(芳香)으로 애주가 사이에서 인기를 끌게 되었고 널리 애음되면서 홀랜드어로 쥬네바(Geneva)라고 바꿔 부르게 되었으며 지금도 홀랜드에서는 쥬네바로 부르고 있다. 이 쥬네바는 그 후 영국 런던에서 판매되면서 현재의 명칭인 진으로 불리게 되었다.

진은 현재 세계 각국에서 생산되고 있으나 일반적으로 영국 진과 홀랜드 진의 두 가지 형태로 구분된다.

런던 드라이 진(London Dry Gin)   영국에서 만드는 가장 유명한 진으로 세계 각국에서 생산되는 진이 대부분 이 부류에 속한다. 옥수수, 호밀, 대맥 같은 곡물을 당화시켜 발효한 다음, 연속 증류기로 증류하여 주정을 만든다. 이 때의 알코올은 90 퍼센트에서 95 퍼센트까지로 중화곡주라고 한다.

이것을 알코올이 60 퍼센트가 되도록 증류수로 희석하여 쥬니퍼 베리, 코리앤더(Coriander)나 안젤리카(Angelica)의 뿌리, 레몬 껍질 같은 방향성 물질을 넣고 단식 증류기로 다시 증류한다. 이렇게 증류된 알코올을 40 퍼센트 정도로 함량을 조정하여 상품화시킨다. 런던 드라이 진에 가당을 하여 단맛이 나게 한 것을 올드 톰 진 (Old-Tom-Gin), 쥬니퍼 베리 대신 다른 과일의 향으로 바꿔 만든 진을 프래버드 진(Flavored Gin)이라고 한다.

홀랜드 진(Holland-Gin) 홀랜드 진은 옥수수, 호밀, 대맥 같은 곡물을 당화시켜 발효한 다음 단식 증류기로 3회 증류하여 쥬니퍼 베리로 향이 나게 한 것이다. 영국 진에 비해 중후한 풍미를 가지고 있으며, 제네바 진이라고도 한다.

보드카(Vodka)

보드카는 14 세기 무렵부터 러시아에서 전통적으로 마셔 온 증류주이다. 초기에는 주로 벌꿀과 호밀이 원료로 사용되었으나 콜룸부스가 신대륙을 발견한 뒤에 아메리카 원산의 감자와 옥수수가 전해져 이것을 사용하게 되었다.

보드카의 어원은 생명의 물의 러시아어 '지즈네냐보다'에서 '보다'(voda, 물)로, 16 세기 경부터 '보드카'(Vodka)로 불리게 되었다. 18 세기 말엽부터 제조법이 달라져 활성탄(活性炭)으로 증류된 술을 여과하기 시작했고 19 세기 중엽에는 연속식 증류기가 도입되어 현재와 같은 무색, 무미, 무취의 술이 만들어지게 되었다. 보드카가 해외에 알려지기 시작한 것은 모스크바에서 보드카를 제조하던 스미노프(Smirnoff)사의 사장 우라지 스미노프 백작이 러시아 혁명 후 국외로 추방되면서부터이며, 현재 보드카의 생산 대국인 미국에 상륙한 것은 1933년 러시아 태생인 미국인 크넷트가 스미노프로부터 미국과 캐나다에서의 보드카 생산, 판매권을 양도받으면서이다. 이

무렵 미국은 금주법이 해제된 직후였으므로 애주가 사이에 쉽게 보급될 수 있었고 이것이 칵테일 밑술로 발전하였다.

보드카의 제조법은 다음과 같다. 곡물을 맥아로 당화하여 발효시킨 다음 연속 증류기로 알코올 함량 75 퍼센트 이상의 그레인 스피리츠(Grain Spirits)를 얻는다. 이것을 자작나무의 활성탄을 채운 여과기에 조심스럽게 여과시키면 정제된다. 끝으로 숯의 냄새를 없애기 위해 모래에 여과시키면 무색, 무미, 무취의 보드카가 탄생된다.

럼(Rum)

럼은 사탕수수의 즙 또는 설탕의 결정을 빼고 난 폐당액을 발효, 증류, 숙성시켜 만드는 술로서 카리브의 서인도 제도가 본고장이다. 럼 제조의 시작은 16 세기 초 서인도 제도의 푸에르토리코에 스페인의 탐험가가 건너가 그곳에서 재배되고 있던 사탕수수를 써서 처음 만들었다는 이야기와 17 세기 초 증류 기술을 가진 영국인이 서인도 제도의 바바두스(Babardos)섬에 이주해서 제조하기 시작했다는 이야기가 있다. 어쨌든, 이 이야기를 종합해 볼 때 럼은 17 세기에 존재해 있었으며 사탕수수를 원료로 하였고, 유럽에서 증류 기술이 전해진 것이라고 할 수 있다.

럼은 유럽 강국의 식민지 정책으로 크게 발전했다. 아프리카의 흑인을 서인도 제도로 데려가 사탕수수밭에서 일을 시키고 서인도 제도에서 당밀을 싣고 아메리카의 뉴잉글랜드로 운반하여 그곳에서 럼을 만들었다. 이 럼은 아프리카 노예의 몸값으로 지불되었다. 이렇게 반복되는 삼각 무역으로 럼이 알려지기 시작했다. 사탕수수의 폐액으로 만든 술, 흑인이나 마시는 술로 꺼려하던 인식이 바뀌게 된 것은, 1805년 영국의 대제독 넬슨이 트라팔가(Trafalgar)해전에서 승리하고 전사하자 그의 부하들이 영웅의 유해가 부패되는 것을 방지하기 위하여 럼이 들어 있는 통에 넣어 귀항한 데서 비롯되었다.

그 뒤로 영국인들은 짙은 호박색이 나는 다크 럼(Dark Rum)을 넬슨 브라드(넬슨의 피)라고 불렀고, 럼에 대한 인식이 새로와졌다.

수많은 사건 속에 발전한 럼의 어원에는 두 가지 설이 있다. 서인도 제도 원주민들이 강력한 이 술을 마시고 취해서 흥분을 했는데 당시의 영어로 흥분이라는 단어 럼빌리언(Rumbullion, 지금은 폐어로 사용하지 않음)에서 어두가 남아 럼(Rum)이 되었다는 이야기와 원료로 사용되는 사탕수수의 라틴어 삭카럼(Saccharum)의 럼(Rum)으로부터 나왔다는 이야기가 그것이다. 럼을 프랑스어로는 롬(Rbum), 스페인어로는 론(Ron)이라고 한다.

럼에는 헤비 럼과 라이트 럼과 미디엄 럼이 있다.

헤비 럼(Heavy Rum)　향기가 짙으며 진한 갈색으로 다크 럼(Dark Rum)이라고도 한다. 제조 방법은 사탕수수의 당밀에 럼을 증류할 때 남은 찌꺼기를 넣어 발효를 하는데 이것이 헤비 럼 특유의 향을 갖게 한다. 발효가 끝나면 단식 증류기로 증류하여 오크통에 넣고 세 해 넘게 숙성시킨다. 자마이카산이 유명하다.

라이트럼(Light Rum)　약간 쓴맛이 나고, 향과 색이 연하여 화이트 럼(White Rum), 실버 럼(Silver Rum)이라고도 한다. 칵테일의 밑술로 많이 쓰인다.

당밀에 순수 배양효모(이스트)를 첨가하여 발효시킨 다음 연속식 증류기에 증류하여 단기간 숙성시킨다. 주요 산지는 쿠바, 푸에르토리코, 멕시코, 트리니다드이다.

미디엄 럼(Medium Rum)　헤비 럼과 라이트 럼의 중간 형태로 골드 럼(Gold Rum)이라고도 한다. 주요 산지는 가이아나, 도미니카이다.

테킬라(Tequila)

테킬라는 멕시코의 토속주인 풀케(Pulque)를 증류한 술로 1968

년 제19회 멕시코 올림픽을 계기로 알려졌다. 팔십년대에 들어와 화이트 스피리츠(White Spirits) 곧 무색 무취의 술이 인기를 끌면서 멕시코에서 세계 여러 나라로 수출되고 있다. 풀케는 선인장의 일종인 용설란을 원료로 하여 발효시킨 술이다. 알코올 함량이 5 에서 7 퍼센트로 우리나라 막걸리와 비슷하며 원주민들이 즐겨 마셨다. 16세기에 스페인이 멕시코를 정복한 후 이 풀케를 증류하여 메즈칼(Mezcal)이라고 하였으며 이 메즈칼 가운데 테킬라 마을에서 생산된 것을 테킬라라고 불렀다. 테킬라를 마시는 방법은 좀 특이하다. 레몬이나 라임을 반으로 갈라 왼손으로 한쪽을 잡고, 엄지와 검지의 손등 중간에 소금을 올려 놓는다. 그리고 혀로 레몬이나 라임의 즙과 소금을 묻힌 다음 테킬라를 마신다.

여덟 해에서 열 해 동안 성숙된 아가베 테킬라나(용설란의 일종으로 밑동의 지름이 7,80 센티미터이다)의 밑부분을 여러 개로 쪼개서 증기 솥에 넣고 가열한다. 이 때 전분질이 당분으로 바뀌어 발효가 된다. 발효가 끝나면 5에서 7 퍼센트의 알코올분을 함유한다. 이것을 단식 증류기로 두 번 증류하여 알코올 함량이 40에서 50 퍼센트가 되게 하여 병에 담는다. 이 때에는 무색이므로 화이트 테킬라(White Tequila) 또는 실버 테킬라(Silver Tequila)라고 부르며 주로 칵테일 밑술로 사용한다. 또 증류된 술을 오크통에 넣어 저장한 것으로 호박색이 나는 골드 테킬라(Gold Tequila)도 있다. 이 술은 원숙한 맛과 향기를 가지고 있기 때문에 그대로 마신다.

리큐르(Liqueur, 혼성주)

리큐르는 증류주에 약초, 향초, 과일, 종자류 따위의 식물성 물질을 넣어서 향과 색을 얻은 다음 설탕이나 벌꿀을 첨가하여 달콤하게 만든 술이다. 아름다운 빛깔, 짙은 향기, 달콤한 맛으로 특히 여성들에게 알맞다.

리큐르의 어원은 라틴어의 리퀴파세레(Liquefacere, 용해되다)이다. 연금술사가 증류주에 식물성 성분을 넣어서 생명 회복을 위한 신비스러운 약을 만들면서부터 리큐르가 생겨났다. 리큐르의 제조법은 15 세기쯤 이탈리아에서 좀더 다양해졌다. 이탈리아 피렌체에 있던 메디치가는 본디 약방을 경영했던 집안으로 가문을 표시하는 문장에도 환약이 여섯 개 들어 있었다. 이 메디치가 가문의 약제사들이 약용주인 리큐르에 흥미를 가지고 그것을 발전시켰다. 메디치가의 카트리느 드 메디치가 프랑스의 앙리 2세와 결혼할 때 메디치의 수행원 가운데 리큐르 제조가가 있었는데 그는 프랑스에 와서 처음으로 브랜디에 호박, 사향, 아니셋 향기를 내게 한 포프로(Populo)라는 리큐르를 소개하였다. 중세 수도원에서 이 리큐르 제조법을 먼저 배워 구하기 쉬운 약초를 써서 만들기 시작하였다. 18 세기 이후에는 의학의 발전에 따라 초기의 성격은 점차 약화되고, 아름다운 색과 맛을 추구하는 경향이 나타났다. 곧 상류 계급 부인들이 옷의 색과 어울리는 리큐르를 마시면서 유행을 만들기도 하였다. 이 때부터 리큐르는 빛깔의 아름다움을 강조하여 여성의 술로 발전하게 되었다.

현재 리큐르는 이탈리아, 프랑스, 미국을 비롯하여 세계 각국에서 다양하게 생산되며 칵테일의 중요한 재료로 사용되고 있다. 우리나라 가정에서 담그는 과실주도 훌륭한 리큐르라고 할 수 있다.

리큐르의 종류는 원료에 따라 약초, 향초, 과일류, 종자류, 특수류로 나눌 수 있다. 이것을 이용한 제법으로 침지법, 증류법, 에센스법이 있다. 침지법은 주정에 약초나 과일 같은 재료를 첨가하여 맛과 향, 색이 우러나게 한 다음 여과하는 방법으로 우리나라의 과일주 담그는 방법과 비슷하다. 증류법은 주정에 원료를 첨가하여 일정한 기간 동안 성분을 우려낸 다음 증류하여 단맛을 가하는 방법이고, 주정에다 합성 또는 천연의 정유를 첨가하는 것이 에센스법이다.

압상트(Absinthe)　　특이한 향기와 연한 쓴맛이 있으며 암록색을 띠는데 물을 타면 우유빛으로 변한다. '녹색의 마주'라고 불린다. 1730년에 프랑스의 의사 오르디넬 박사가 만들었고 1797년에 페르노 피스사가 상품화하였다. 1809년에는 파리에서 인기가 대단했는데 특히 예술가들이 애음했다고 한다. 불어권에서 해열제로 사용하였으나 이것에 중독되면 환각, 졸음, 광기, 자살을 유발하는 부작용이 생긴다는 것이 밝혀져 1915년 프랑스에서 생산을 금지했고 다른 나라에서도 사용을 금지하였다. 현재 페르노피스사에서는 금지령 이후 압상트의 유해성분을 '아니스'(Anise)로 교체하고 상품명을 '페르노'(Pernod)로 바꾸고 알코올 함량을 43 퍼센트로 하여 생산하고 있다.

베네딕틴(Benedictine)**과 비 엔드 비**(B&B)　　프랑스 노르망디의 페캉에 있는 베네딕틴파 수도사 돈 베르나드 빈세리가 브랜디를 밑술로 하여 27 가지의 약초를 섞어 만든 술로 1863년에 기업화되었다. 황록색으로 알코올 성분은 43 퍼센트이다. 상표에 디.오.엠(D.O.M)이라고 적혀 있는데 이것은 라틴어 '최선 최대의 신에게 바친다'(Deo Optimo Maximo)의 머리 글자이다. 비 엔드 비(B&B)는 베네딕틴 60 퍼센트와 브랜디(꼬냑으로 5 년에서 6 년 숙성된 것) 40 퍼센트의 비율로 혼합된 제품으로 베네딕틴과 브랜디의 첫자 B를 따서 상품명으로 사용한 것이다. 엷은 호박색이며 알코올 함량이 40 퍼센트이다.

사르트레즈(Chartreuse)　　수도원에서 탄생시킨 유명한 리큐르이다. 1605년 앙리 4세의 여시관 마레샬 데스뜨레에게 바친 불로장생의 영약 처방을 바탕으로 1735년 제롬 모백 신부가 그 처방을 완성하여 1762년에 녹색의 사르트레즈를 만들었고 후에 브루노 자케 신부가 황색의 사르트레즈를 만들었다. 녹색은 알코올 함량 55 퍼센트, 황색은 43 퍼센트로 만드는데 현재 사기업인 샤르트레즈디푸종사에서 생산하고 있다.

크렘 드 카카오(Crème de Cacao)　초컬릿 맛이 나는 리큐르로 우리나라 여자들도 즐겨 마신다. 갈색과 무색이 있다. 브랜디를 밑술로 사용하며 카카오 열매를 주원료로 하는데 프랑스, 미국, 네덜란드를 비롯한 여러 나라에서 생산되고 있다. 알코올 함량은 25에서 27 퍼센트쯤이다.

프랑스에서는 리큐르를 쉬르피느(Surfines, 품질이 아주 좋은), 피느(Fines, 상질), 데미피느(Demi-fines, 중질), 오디네르(Ordinaire, 보통)의 4 등급으로 나누고 피느에 해당하는 리큐르를 크렘이라고 했다. 그런데 이 말이 각국에서 남용되어 지금은 크림과 같이 걸직하며 단맛이 나는 헤비 리큐르에 크렘이라는 명칭을 사용한다. 크렘류의 당분은 40 퍼센트 이상이고 브랜디가 밑술로 사용되는 것이 많으며 배합하는 주재료를 술 이름으로 한다.

크렘 드 민트(Crème de Mint)　박하를 주원료로 한 민트 리큐르이다. 일명 페퍼 민트(Pepper Mint)라고도 하며 브랜디 또는 주정에 박하, 아이리스의 뿌리, 사루비아 같은 것을 넣는데 특히 박하향이 강하다. 소화 촉진제로 좋으며 칵테일을 만드는 데 많이 사용한다. 녹색과 무색으로 알코올 성분이 25에서 30 퍼센트 쯤이다.

코앙트로(Cointreau)　1849년 프랑스의 로아르에서 탄생한 오렌지 리큐르이다. 처음에는 코앙트로 트리플섹(Cointreau Triple Sec)이라고 했으나 트리플섹이라는 명칭을 여러 회사에서 사용하자 타사 제품과 구분하기 위하여 코앙트로를 술의 명칭으로 사용하게 되었다. 브랜디에 오렌지 껍질을 배합하여 만든 향기 높은 술로서 알코올 함량 40 퍼센트이고 무색이다. 같은 종류의 리큐르로 트리플섹(Triple Sec)과 큐라소(Curaçao)가 있다.

드람뷰이(Drambuie)　드람뷰이 리큐르사 제품으로 영국의 유명한 리큐르이다. 1906년 경부터 기업화되었으나, 본래 1745년 스튜어트가의 왕자인 챨스 에드워드가 맥키논가에게 왕가의 비밀인 이

드람뷰이의 처방을 전하게 된 것이 시초라고 한다. 스카치 위스키에 벌꿀과 각종 식물의 향을 배합한 것으로 엷은 호박색이며 알코올 성분이 40 퍼센트이다.

갈리아노(Galliano)　20 세기 초 이태리 리보르노(Livorno)의 아르투로 바키리가 창제한 것으로 이디오피아 전쟁의 용장 쥬세페 갈리아노의 이름을 따서 술의 이름으로 하고 있다. 황색, 무색, 분홍의 세 가지 빛깔이 있다. 황색은 주정에 각종 약초와 향초를 배합하여 만든 것으로 향이 짙고 칵테일에 많이 사용하며 알코올 함량 35 퍼센트이다. 무색은 엘더베리향을 배합한 것으로 알코올 함량 42 퍼센트이다. 분홍색은 아몬드로 만드는 리큐르로 연한 향기가 나며 알코올 함량 28 퍼센트이다.

칼루아(Kahlua)　브랜디를 밑술로 하여 멕시코 고원산 커피, 코코아, 바닐라를 배합한 것으로 특히 커피의 향이 강한 멕시코의 대표적인 리큐르이다. 알코올 함량은 26 퍼센트이며 커피색이다. 이와 비슷한 것으로 자마이카산 티아마리아(Tiamaria)가 있다. 이것은 럼을 밑술로 하여 블루 마운틴 커피를 배합한 리큐르이다.

피터 히링(Peter Heering)　덴마크산 체리로 만든 리큐르로 체리 히링이라고도 한다. 체리 리큐르로는 최상급이다. 브랜디를 밑술로 쓰며 검붉은 색이고 알코올 함량이 25 퍼센트 안팎이다.

슬로우 진(Sloe Gin)　여자들에게 인기있는 달콤한 술로 주정에 슬로우 베리(Sloe berry, 야생자두)를 배합하여 만든 리큐르이다. 영국에서는 이것을 진의 일종으로 취급하나 일반적으로 리큐르에 포함시키고 있다. 알코올 함량이 25에서 30 퍼센트이며 검붉은 빛이 난다.

그 밖의 리큐르

체리 리큐르

· 체리 브랜디 (Cherry Brandy)
· 마라스치노(Maraschino)
  살구 리큐르
· 애프리코트 브랜디(Apricot Brandy)
· 크렘 드 느와이오(Crème de Noyau)
  오렌지 리큐르
· 크렘 드 만다린(Crème de Mandarine)
· 그랑 마니에(Grand Marnier)
  바나나 리큐르
· 크렘 드 바나나(Crème de Banana)
  딸기 리큐르
  크렘 드 프레이스(Crème de Fraise)
  자두 리큐르
· 프르넬(Prunelle)
  파인애플 리큐르
· 크렘 드 아나나스(Crème de Ananas)
  커피 리큐르
· 크렘 드 모카(Crème de Moka)
  오랑캐꽃 리큐르
· 크렘 드 이벳트(Crème de Yvette)
· 크렘 드 바이오렛(Crème de Violette)
  장미꽃 리큐르
· 크렘 드 로즈(Crème de Roses)
  꿀 리큐르
· 아이리쉬 미스트(Irish Mist)
· 엑스타벤턴(Xtabentun)
  달걀 리큐르

• 애드보가트(Advocaat)

국산양주

위스키	특급(수입 원액) (국산 원액)	썸씽스페셜, VIP패스포드 디프로매트, 다크 호스
	1급	로얄위스키, 골드 킹
	제재주	올드, 죠우커
브랜디	특급	그랑프리 브랜디
	1급	마패브랜디
	제재주	나폴레온
진		쥬니퍼드라이진, 해태드라이진

칵테일의 실제

앞에 나온 브랜디, 위스키, 진, 보드카, 테킬라, 리큐르 같은 밑술을 이용하여 실제로 칵테일 만드는 법을 알아보기로 한다.

칵테일의 분류

칵테일은 글라스의 용량, 과일 장식의 유무, 용도에 따라 다음과 같이 크게 분류된다.

글라스의 용량에 따른 분류

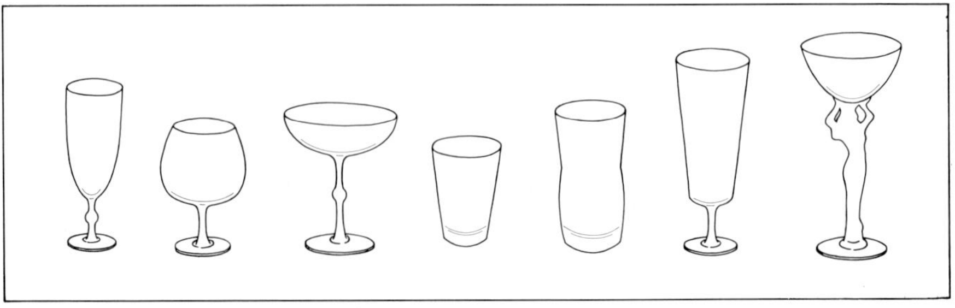

쇼오트 드링크(Short Drink)　　4 온스 미만의 작은 글라스
에 담는 칵테일을 말한다. 글라스의 용량이 적기 때문에 직접 글라스
안에서 혼합하는 것은 불가능하다. 따라서 기구(쉐이커, 믹싱글라
스)를 사용하여 만들어 내고 마실 때에는 냉각 상태가 좋을 때 두 번
이나 세 번에 나누어 마시는 것이 좋다. 마티니(Martini), 맨해턴
(Manhattan) 같은 것이 있다.

롱 드링크(Long Drink)　　6 온스 이상의 글라스에 담는 칵
테일로 대개 글라스에서 직접 만든다. 글라스에는 얼음이 서너 조각
들어가며, 얼음이 녹기 전에 몇 모금 나누어 마시는 것이 좋다. 하이
볼(High Ball) 종류와 스크루 드라이버(Screw Driver) 같은 것이
있다.

과일 장식의 유무에 따른 분류

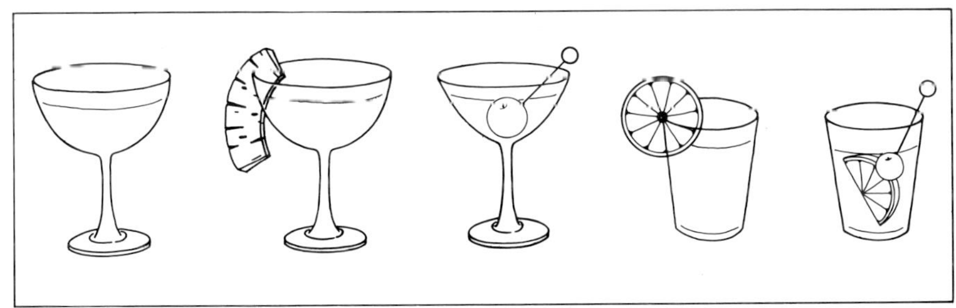

팬시 칵테일(Fancy Cocktail)　　과일 장식이 되어 있는 칵
테일을 말하는데 한 가지 이상의 과일을 사용한다. 마티니, 맨해턴,
사우어(Sour) 같은 것이 여기에 속한다.

플레인 칵테일(Plain Cocktail)　　장식을 하지 않은 칵테일
을 말한다. 핑크 레이디(Pink Lady), 그래스 호퍼(Grass Hopper)
같은 것이 있다.

용도에 따른 분류

칵테일 가운데에는 식전에 마시는 것, 정찬 때에 마시는 것, 식후에 마시는 것 그리고 밤늦게 혹은 잠자리에 들기 전에 마시는 것들이 제각끔 따로 있다. 또 축하할 일이 있을 때에 많이 마시는 칵테일도 있다.

애피타이저 칵테일(Appetizer Cocktail) 식전에 마시는 칵테일로 대부분 맛이 달지 않다. 마티니, 맨해턴, 깁슨(Gibson) 같은 것이 여기에 속한다.

클럽 칵테일(Club Cocktail) 정찬 때 스프 대신에 오드볼(Hors d'oeuvre, 전채음식)과 함께 하는 칵테일로 클로버 클럽(Clover Club), 로얄 클로버 클럽(Royal Clover Club) 같은 것이 있다.

애프터 디너 칵테일(After Dinner Cocktail) 식후에 소화 촉진을 위해서 마시는 칵테일로 약간 단맛이 난다. 알렉산더(Alexander), 그래스 호퍼, 스팅거(Stinger) 같은 것이 있다.

비퍼 미드나이트 칵테일(Before Midnight Cocktail) 밤늦게 마시는 칵테일로 주로 알코올 성분이 강하다. 수퍼 칵테일(Super Cocktail)이라고도 한다. 압상트 프라페(Absinthe Frappé)가 여기에 속한다.

나이트 캡 칵테일(Night Cap Cocktail) 잠자리에 들기 전에 마시는 칵테일로 브랜디와 계란을 주로 사용한다. 플립(Flip)이 여기에 속한다.

샴페인 칵테일(Champagne Cocktail) 샴페인 칵테일은 축하할 일이 있을 때 많이 마신다. 일반적으로 파티에서만 사용하는 것으로 알고 있지만 식사의 전 과정에서 어느 때에나 마실 수 있는 술이다. 샴페인 칵테일, 벅스 피즈(Bucks Fizz), 프렌치 75(French 75) 같은 것이 있다.

칵테일 힌트

칵테일의 가짓수는 무척 많다. 그러나 기본이 되는 칵테일 몇 개만 만들 줄 알면 그것을 바탕으로 여러 가지 칵테일을 만들 수 있다.

하이 볼(High Ball)

증류주를 밑술로 사용한다. 하이 볼 글라스에 얼음을 넣고 증류주 한 가지와 탄산 음료를 넣어 혼합하는 것인데 알코올 함량이 낮아 언제든지 부담없이 즐길 수 있다. 스카치 소다(Scotch Soda), 버번 콕(Bourbon Coke), 진 토닉(Gin Tonic) 같은 것이 있다.

피즈(Fizz)

피즈라는 이름은 탄산 가스가 분리될 때 나는 '피'하는 소리의 의성음에서 비롯된 것이다. 주로 단맛이 나며 거품이 많은 것이 특징이다. 진 피즈(Gin Fizz), 카카오 피즈(Cacao Fizz), 슬로우 진 피즈(Sloe Gin Fizz) 같은 것이 있다.

카린스(Collins)

남녀 구분 없이 애음하는 칵테일로 카린스 글라스에 얼음을 넣고 진이나 위스키를 사용하여 만든다. 피즈와 비슷하나 맛이 싱거운 편이다. 탐 카린스(Tom Collins), 존 카린스(John Collins) 같은 것이 있다.

사우어(Sour)

증류주에 레몬 쥬스를 넣어 시큼한 맛이 나도록 한 칵테일인데 레몬과 체리로 장식한다. 사우어는 신맛이라는 뜻을 가지고 있다. 진 사우어(Gin Sour), 위스키 사우어(Whiskey Sour) 같은 것이 있다.

슬링(Sling)

슬링은 차게 해서 마시는 방법과 뜨겁게 해서 마시는 방법이 있다. 일반적으로 차게 해서 마시는 것이 많으며 하이 볼 글라스에 술, 레몬 쥬스, 설탕, 소다수 같은 것을 넣어 만든다. 핫 슬링(Hot Sling)은 얼음 대신 뜨거운 물을 부어 마신다. 싱가폴 슬링(Singapore Sling), 브랜디 슬링(Brandy Sling) 같은 것이 있다.

릭키(Rickey)

설탕을 사용하지 않고 라임즙을 사용한다. 하이 볼 글라스에 증류주와 라임 쥬스, 얼음, 소다수를 채워 마신다. 진 리키(Gin Rickey), 위스키 리키(Whiskey Rickey) 같은 것이 있다.

코블러(Cobbler)

이 음료는 여름철에 더위를 식히거나 피로 회복에 좋다. 코블러란 '구두수선공'이라는 뜻으로 이름의 출처는 분명치 않으나 한 구두수선공이 여름날 잠깐 휴식을 취하면서 차가운 음료를 마신 데에서 이런 이름이 붙었다고 한다.

대형 텀블러 글라스(Tumbler Glass, 밑이 반듯한 하이 볼 글라스와 같음)에 증류주와 가루 얼음, 설탕 들을 넣고 계절 과일을 곁들인다. 와인 코블러(Wine Cobbler), 브랜디 코블러(Brandy Cobbler) 같은 것이 있다.

프라페(Frappé)

프랑스어로 '잘 냉각한'이라는 뜻이다. 가루 얼음을 칵테일 글라스에 가득 채운 다음 원하는 술을 따르고 짧은 스트로우를 꽂는다. 술은 주로 리큐르를 사용한다. 민트 프라페(Mint Frappé), 카카오 프라페(Cacao Frappé) 같은 것이 있다.

쿨러(Cooler)

산뜻한 청량감을 느끼게 하는 음료이다. 하이 볼 글라스에 술, 설탕, 레몬 쥬스를 넣고 진저엘이나 소다수를 채워 마신다. 와인 쿨러(Wine Cooler), 위스키 쿨러(Whiskey Cooler) 들이 있다.

펀치(Punch)

펀치 보울(Punch Bowl, 화채그릇)에 많은 양을 만들어 놓고 만찬회나 파티석상에서 즐겨 마신다. 보울에 큰 덩어리 얼음을 넣고 두 가지 이상의 쥬스나 청량 음료, 두 가지 이상의 술을 넣고 계절에 맞는 과일로 장식하여 만든다. 술을 사용하지 않는 후르츠 펀치도 있다. 웨딩 펀치(Wedding Punch), 샴페인 펀치(Champagne Punch) 같은 것들이 있다.

타디(Toddy)

타디란 송려즙 또는 종려술이라는 뜻이지만, 혼성 음료를 가리키는 말로 일반에게 널리 알려져 있다. 이것은 차게 해서 마시는 방법과 뜨겁게 해서 마시는 방법이 있는데, 설탕과 냉수, 원하는 술을 혼합하여 만든다. 이 때 뜨거운 물을 사용하면, 핫 타디(Hot Toddy)라고 한다. 브랜디 타디(Brandy Toddy), 위스키 타디(Whiskey Toddy) 같은 것이 있다.

에그 낙(Egg Nog)

미국 남부 지방의 전설에서 유래된 크리스마스 음료이다. 그러나 북부의 여러 주에서는 크리스마스와 관계없이 아무 때나 즐겨 마신다. 달걀과 우유를 사용해서 만드는 영양가 높은 알코올 음료이다. 볼티모어 에그 낙(Baltimore Egg Nog), 브랜디 에그 낙 (Brandy Egg Nog) 같은 것이 있다.

플립(Flip)

에그녹과 비슷한 음료이다. 밑술로는 와인이 주로 사용되나 다른 술도 사용할 수 있다. 쉐이커에 얼음, 달걀, 설탕, 술을 넣고 잘 흔들어 와인 글라스에 담는다. 초컬릿 플립(Chocolate Flip), 브랜디 플립(Brandy Flip) 같은 것이 있다.

계량법

칵테일을 만들 때 가장 기초적이면서도 중요한 것은 양을 정확하게 측정하는 일이다. 양을 정확하게 측정하기 위해서는 처방전의 내용을 잘 이해하여야 하며 그러기 위해서는 아래와 같은 기본적인 용어들을 먼저 익혀야 한다.

대쉬(Dash)

식초같이 액체로 된 향신료를 사용할 때에는 대개 용기 자체를 흔들어서 소량을 뿌려 사용하는데 대쉬는 그 액체로 된 향신료를 사용할 때 쓰는 양의 표시이다. 대여섯 방울을 1 대쉬라고 한다. 후추, 조미료처럼 분말로 된 향신료를 한 번 뿌려 주는 것은 1 핀치(Pinch)라고 한다

티 스푼(Tea Spoon)

설탕이나 약간의 레몬 쥬스 같은 것을 잴 때 쓰는 단위이며 t.s로 표시하고 양은 1/8 온스이다.

테이블 스푼(Table Spoon)

티 스푼보다 많은 3/8 온스이며 칵테일을 여러 잔 만들 때나 많은

양을 만들 때 사용한다. Tbs으로 표시한다

지거(Jigger)

밑술의 기준 용량을 표시할 때 쓰며 1.5 온스(45 밀리리터)이다.

온스(Ounce, oz)

칵테일을 만들 때 사용되는 밑술의 기본 용량을 우리나라에서는 온스로 표시한다. 이것을 액량 단위 밀리리터로 환산하면 1 온스는 30 밀리리터이다.

컵(Cup)

칵테일을 많이 만들 때 계량하기 편리하며 용량은 8 온스이다.

병

칵테일에서 밑술로 사용하는 크고작은 증류주 병의 용량을 알아 두면 칵테일을 만들 때 한꺼번에 많이 측정하기가 쉽다.

용량(ml)	oz	국산양주의 용량
360	12	2홉
500	17	3홉(맥주 포장에 쓰인다)
700	24	4홉

기구

적당한 기구의 선택과 올바른 사용은 칵테일의 개성적인 맛을 살리는 데 중요한 역할을 한다. 칵테일 한 잔을 글라스에 담기까지 필요한 기구는 여러 가지가 있으나 기본적인 몇 가지 기구와 소도구만으로도 훌륭한 칵테일을 만들 수 있다.

지거 글라스(Jigger Glass)

칵테일을 만들 때 사용하는 계량컵으로 메져 컵(Measure Cup)이라고도 한다. 우리나라 타악기인 장고 모양과 비슷하다. 이중컵으로 되어 있는데 큰 것은 1.5 온스, 작은 것은 1 온스의 용량이다.

믹싱 글라스(Mixing Glass)

혼합이 잘 되는 재료로 구성된 칵테일을 만들 때 사용하는 글라스로 얼음과 함께 재료를 담아 혼합 냉각시키는 기구이다.

바 스푼(Bar Spoon)

티 스푼 또는 롱 스푼이라고도 하며 글라스나 믹싱글라스에 담긴 재료를 섞을 때 사용한다. 한쪽 끝은 스푼이고 중간은 나선형으로 꼬여 있어 젓기 좋으며 나머지 한쪽 끝은 포오크 모양으로 되어 있다.

스트레이너(Strainer)

믹싱 글라스와 바 스푼을 사용하여 냉각 혼합 시킨 내용물을 글라스에 따를 때 믹싱 글라스에 끼워 얼음을 걸러 내는 기구이다.

포우러(Pourer)

술을 따를 때 술의 손실을 막기 위하여 술병에 꽂아 사용하는 기구이다. 병의 구멍에 끼우고 사용하므로 구멍이 클 때 이것을 끼우면 편리하다. 그러나 한 개의 포우러를 여러 술병에 쓰는 것은 좋지 않다.

쉐이커(Shaker)

칵테일 기구 중 가장 대표적인 것으로 달걀, 크림, 시럽과 같이 잘 섞이지 않는 재료를 혼합할 때 사용한다.

캡(Cap), 헤드(Head), 바디(Body)의 세 부분으로 나뉘는데 바디에 얼음과 함께 재료를 넣고 헤드와 캡을 닫아 흔들어서 잘 섞이게 한 다음 캡을 열고 내용물을 글라스에 따른다. 이 때 헤드는 스트레이너 역할을 한다.

소도구

스퀴져(Squeezer)　레몬, 오렌지, 라임 같은 과일의 즙을 짤 때 쓰는 기구이다.

머들러(Muddler)　플라스틱으로 만든 끝이 둥근 막대로 글라스에 꽂아 두어 장식된 과일의 즙을 내거나 내용물을 저어 줄 때 사용한다.

페링 나이프(Paring Knife)　레몬, 오렌지, 라임같이 껍질이 두껍고 질긴 과일의 껍질을 벗길 때에 사용하는 칼로 날이 무디며 작은 톱니로 되어 있다.

스토퍼(Stopper)　칵테일의 부재료로 쓰고 남은 탄산 음료를 보존하기 위하여 사용하는 보호마개이다.

코스터(Coaster)　글라스의 받침용 흡수지로 내프킨을 접어서 사용해도 된다.

가니쉬 스틱(Garnish Stick)　과일을 장식할 때 사용하는 과일꽂이로 모양과 색이 좋은 것을 사용하며 칵테일 핀(Cocktail Pin)이라고도 한다.

스트로우(Straw)　8 온스 이상의 큰 글라스를 사용하는 칵테일이나 가루 얼음을 넣어 만드는 칵테일에 쓰는 빨대이다.

글라스(Glass)

칵테일은 그 맛과 향기도 중요하지만, 칵테일을 담아 눈으로 색채를 감상할 수 있게 하는 글라스의 선택 또한 중요하다.

색채가 고운 칵테일이나 음료는 투명한 유리잔을 그리고 커피, 코코아같이 앙금이 있는 음료는 주로 도기잔을 사용하는데 용도, 모양, 용량에 주의하여 사용하는 것이 좋다.

스트레이트 글라스(Straight Glass) 쇼트 글라스(Short Glass) 또는 위스키 글라스(Whiskey Glass)라고도 한다. 국내에서는 소주잔으로 더 잘 알려져 있다. 용량은 1.5 온스에서 4 온스까지 있다. 1.5 온스와 2 온스를 가장 많이 사용한다.

올드 패션 글라스(Old Fashion Glass) 올드 패션 칵테일 용으로 투박스럽게 생겼으며 높이가 낮고 옆으로 퍼져서 안정감이 있어 보인다. 온 더 락스(on the rocks) 글라스라고 부르기도 하는데 글라스 안의 얼음을 바위에 비유한 것이다. 용량은 4 온스에서 8 온스까지 있으며 주로 6 온스짜리를 사용한다.

하이 볼 글라스(High Ball Glass) 손잡이가 없고 밑이 판판한 원통형의 글라스이다. 칵테일 가운데 가장 기본적이면서 대중적으로 애음되는 하이 볼 종류나 그 밖에 롱 드링크에 많이 사용한다. 용량은 6 온스에서 8 온스까지 있다.

카린스 글라스(Collins Glass) 톨 글라스(Tall Glass)라고도 부른다. 탐 카린스, 존 카린스 같은 칵테일에 사용되는 글라스로 용량은 10 온스에서 12 온스까지이며 하이 볼 글라스의 대형이라고 생각하면 된다.

칵테일 글라스(Cocktail Glass) 역삼각형 모양에 손잡이가 달린 글라스이며 마티니, 맨해턴과 같은 칵테일을 담는다. 용량은 2 온스에서 4 온스까지 있으며 국내에서는 2.5에서 3 온스 용량을 많이 사용한다.

샴페인 글라스(Champagne Glass) 샴페인, 핑크 레이디, 밀리언 달러(Million Dollar) 같이 달걀이나 크림을 사용하여 거품이 많이 나는 칵테일을 담을 때 사용한다. 용량은 3 온스에서 6 온스까지 있으며 주로 4 온스짜리 용량을 사용한다.

사우어 글라스(Sour Glass)　시큼한 맛이 나는 위스키 사우어, 진 사우어 같은 사우어 칵테일 글라스로 용량은 4 온스에서 6 온스까지 있으며 4,5 온스 용을 많이 사용한다.

리큐르 글라스(Liqueur Glass)　달콤하고 다양한 색상의 리큐르나 엔젤스 키스(Angels Kiss), 푸우스 카페(Pousse Cafe)와 같은 칵테일에 사용한다. 코디얼 글라스(Cordial Glass)라고도 하며 용량은 1 온스쯤으로 작은 글라스이다.

브랜디 글라스(Brandy Glass)　브랜디를 마실 때 사용하며 용량은 6 온스에서 12 온스까지 있는데 8 온스와 10 온스짜리를 주로 사용한다. 꼬냑 글라스(Cognac Glass)라고도 한다.

글라스에 대한　상식

구입　첫째 표면에 기포가 없어야 하고 무색투명하며, 광택이 나야 한다. 질이 나쁜 제품은 습기가 낀 것처럼 부옇고 닦아도 광택이 나지 않는다. 둘째 입이 닿는 부위에 무늬나 빛깔이 없는 것이 좋다. 노란색이나 붉은 색은 중금속을 사용하여 인체에 나쁜 영향을 준다. 세째 글라스를 고를 때에는 외형도 중요하다. 전체적인 모양을 살피고 입 닿는 부분이 똑바로 처리되었는지를 확인한다.

냉각　칵테일을 만들 때, 롱 드링크 종류는 직접 글라스에 얼음과 재료를 담아 만들기 때문에 글라스를 미리 냉각할 필요가 없지만 쇼트 드링크 종류는 믹싱 글라스나 쉐이커 같은 기구를 사용하여 혼합, 냉각시켜 얼음은 제거하고 술만 따라 내기 때문에 미리 글라스를 냉각시켜 시원한 칵테일을 맛볼 수 있게 해야 한다. 얼음통에 얼음을 담고 글라스를 얼음 속에 꽂아서 냉각시킨다. 칵테일을 만들 때마다 사용되는 글라스에 얼음 서너 조각을 미리 담아 두었다가 글라스가 냉각된 다음 얼음을 쏟아 내고 만들어 놓은 칵테일을 붓는다.

세척　식기류와 함께 세척해서는 안 된다. 서로 부딪쳐서 파손되기 쉽고 음식 냄새가 글라스에 옮겨질 염려가 있다. 미지근한 물에 중성세제를 이용하여 세척하는 것이 좋고, 글라스에서 냄새가 날 때에는 중소(식용소다)를 사용하여 세척하면 냄새를 제거할 수 있다. 또 때가 심하게 묻었을 때에는 소금, 식초, 알코올을 사용하면 좋다. 흐르는 수도물에 세제를 말끔히 씻어 낸 다음 끓는 물에서 서서히 소독하는 것이 좋다. 세척이 끝난 글라스는 흡수력이 좋고 보푸라기가 없는 흰 타올로 물기를 잘 닦아 낸 다음 마른 타올로 광택을 낸다.

보관　목재 선반이나 페인트 칠이 되어 있는 선반에는 글라스를 세워서 보관한다. 엎어 놓으면 나무나 칠 냄새가 글라스에 옮겨지기 때문이다. 또 글라스를 겹쳐 놓으면 무리한 힘이 가해져서 글라스가 깨질 수도 있다.

칵테일 부재료

칵테일 부재료에는 얼음, 탄산 음료, 쥬스류, 시럽, 스파이스 리쿼, 버터즈, 버무스 따위가 있다.

얼음

럼프 아이스(Lump Ice)　덩어리 얼음을 뜻한다.

크랙크 아이스(Cracked Ice)　덩어리 얼음을 송곳으로 잘게 깬 얼음이다. 모양은 불규칙하나 대략 사방 3 센티미터 정도가 적당하다. 글라스를 냉각시킬 때, 쉐이커 또는 믹싱 글라스를 사용할 때,

롱 드링크를 만들 때에 사용한다. 가장 많이 사용하는 얼음이다.

큐브드 아이스(Cubed Ice)　일정한 크기의 틀에 얼린 얼음이다. 쓰임새는 크랙크 아이스와 같다.

크러쉬드 아이스(Crushed Ice)　얼음 분쇄기로 콩알만하게 부순 얼음이다.

쉐이브드 아이스(Shaved Ice)　빙수에 사용하는 얼음과 같이 기계로 간 얼음이다.

탄산 음료

탄산 가스를 함유한 음료를 총칭하여 탄산 음료라고 한다.

소다수(Soda Water)　탄산 가스와 무기염류를 함유한 음료이다. 플레인소다 또는 클럽소다라고 부른다. 거품이 잘 일어나고 지속성이 있는 것이 좋다. 위스키와 잘 어울리는 음료이다.

토닉 워터(Tonic Water)　소다수에 키나, 레몬, 오렌지 같은 과일의 껍질을 배합한 것이다. 무색투명하면서 씁쓸한 맛이 나는 술(진, 보드카, 라이트 럼)과 잘 어울리는 음료이다.

진저엘(Gingerale)　소다수에 생강의 풍미를 더한 음료로서 위스키, 브랜디 같은 것과 잘 어울린다.

카린스 믹서(Collins Mixer)　소다수에 레몬, 설탕을 배합한 음료로 신맛이 강하다. 카카오, 슬로우 진 같은 리큐르와 잘 어울리는 음료이다.

콕(Coke, Cola)　콜라 열매를 주원료로 한 탄산 음료로 위스키(버번 위스키), 다크 럼 같은 것과 잘 어울린다.

쥬스류

칵테일에는 과일 쥬스를 넣는 것이 원칙이지만 구입하기 어렵거나 값이 비쌀 때에는 병쥬스나 캔쥬스 따위로 대신한다.

레몬 쥬스(Lemon Juice)　칵테일을 만들 때 가장 많이 사용하는 쥬스로 과일을 쓰는 것이 좋으나 가공품을 사용해도 된다. 과일은 빛깔이 곱고 광택이 있는 것을 구입해야 한다.

라임 쥬스(Lime Juice)　레몬과 비슷하나 레몬보다 약간 작고 신맛이 강하다. 과일을 구입하기가 어려우므로 가공품을 쓰는데 가당과 무가당 두 가지가 있으므로 처방대로 사용하여야 한다.

오렌지 쥬스(Orange Juice)　과일은 값이 비싸므로 캔 가공품을 많이 사용한다.

파인애플 쥬스(Pineapple Juice)　캔 가공품을 사용하며 과육은 장식용으로 사용한다.

그레이프프루트쥬스(Grapefruit Juice)　향기롭고 신맛이 강한 열매로 우리나라에서는 여름 귤이라고 한다.

토마토 쥬스(Tomato Juice)　토마토를 매번 짜서 쓰기가 불편하므로 캔으로 가공한 것을 많이 사용한다.

설탕

파우더드 슈거(Powdered Sugar)　아주 미세한 분말로 된 설탕으로 당도는 낮은 편이다.

그래뉴레이티드 슈거(Granulated Sugar)　일반적으로 가장 많이 사용하고 있는 작은 결정체의 백설탕이다. 내용물이 차가우면 잘 녹지 않으므로 칵테일에 사용할 때에는 시럽으로 만들어 사용하면 편리하다.

큐브드 슈거(Cubed Sugar)　일정한 틀에 압축시켜 만든 주사위 모양의 각설탕이다.

브라운 슈거(Brown Sugar)　원당의 빛깔, 향기를 지닌 흑설탕이다.

시럽

물에 설탕을 넣어 끓인 다음 과일이나 식품의 향을 가미한 것으로 종류가 여러 가지이다.

심플 시럽(Simple Syrup) 물과 설탕을 끓여서 만든 것이다. 냉각 음료인 경우 설탕이 잘 녹지 않으므로 불편한 점이 있으나 시럽으로 만들어 사용하면 설탕의 낭비를 막을 수 있으며, 칵테일을 만드는 시간도 단축되므로 편리하다. 설탕과 물의 비율을 3대 1로 하여 끓인 다음 식혀서 용기에 담아 놓고 쓴다. 이와같이 만든 시럽을 심플 시럽 또는 플레인 시럽(Plain Syrup)이라고 부른다.

그레나딘 시럽(Grenadine Syrup) 석류맛이 나는 붉은 색 시럽이다. 칵테일을 만들 때에 가장 많이 사용하는 것으로 핑크 레이디, 밀리언 달러 같은 유명한 칵테일에 들어간다. 그 밖에 고무의 향기를 내는 검 시럽, 나무딸기의 향기를 가진 래즈베리 시럽, 양딸기의 향기를 가진 스트로베리 시럽 같은 것이 있다.

스파이스 리쿼(Spice Liquor)

칵테일을 만들 때 소량을 첨가하여 칵테일의 맛과 향을 더해 주는 술로서 칵테일 스파이스 리쿼(Cocktail Spice Liquor)라고 한다.

비터즈(Bitters)

비터즈란 쓰다는 뜻으로 스파이스와 스트레이트의 두 종류로 구분된다. 주정에 풀뿌리와 나무껍질을 담가 맛과 향과 색이 나게 한 것이다. 앙고스트라 비터(Angostura Bitter)와 오렌지 비터(Orange Bitter)가 있다.

앙고스트라 비터(Angostura Bitter) 1824년 베네주엘라 보리바시(옛 명칭은 앙고스트라)에 주둔하던 영국 육군 병원 제이지 비 시거트 박사가 도수가 높은 럼에 많은 약초와 향료를 배합하여 만든 향기롭고 쓴맛이 강한 술이다. 앙고스트라 비터는 알콜 음료말고도 요리에 소량을 사용하면 좋은 향기를 낼 수 있다. 또 강장, 건위, 해열제로도 효과가 있다고 하는데 비터를 사용한 초기의 목적은 약용이었다. 주정 도수는 40도쯤이며 쓴맛이 강해서 칵테일을 만들 때에는 소량(1,2 대쉬)을 사용한다. 맨해턴, 올드 패션, 무랑루즈, 플랜터 펀치 같은 것을 만들 때 사용한다.

오렌지 비터(Orange Bitter)　강도가 높은 주정에 오렌지 껍질과 향초류를 담가 맛과 향을 우려낸 것이다. 맛이 쓰고 향이 강하여 앙고스트라 비터와 함께 칵테일 부재료로 소량이 쓰인다. 영국에서 진 제조 회사가 처음 만들었으며 알래스카와 코모도 같은 칵테일에 사용한다.

버무스(Vermouth)

버무스는 포도주와 여러 가지 약초를 섞어서 맛, 향, 빛깔이 나게 한 다음 브랜디를 첨가해서 도수를 높여 준 향기 짙은 포도주이다. 이 술을 만들 때에 사용하는 약재는 향쑥이 주재료이고, 그 밖에 키나와 소화제, 향미료로 사용하는 코리앤더 등 40 종쯤의 약재를 사용한다. 버무스라는 말은 향쑥의 독일명 베르무트(Wermut)에서 유래된 것이며 알코올 도수는 17 퍼센트 안팎이다. 스트레이트로 마실 수 있으며 칵테일의 부재료로 사용한다.

프랑스 버무스(France Vermouth)　색이 연하고 쓴맛이 강한 드라이 버무스가 유명하다. 그러나 꼭 쓴맛이 나는 것만 생산하는 것은 아니며, 단맛이 나는 스위트 버무스 그리고 드라이 버무스보다 색이 진하고 단맛이 약간 나는 비앙코 버무스도 만든다. 주로 마르세이유를 중심으로 생산하고 있다.

이탈리아 버무스(Italy Vermouth)　이탈리아의 토리노에서 주로 생산하며 알프스의 약초, 향초와 동양의 향료를 첨가해서 만든다. 특히 단맛이 있는 스위트 버무스가 유명하다.

칵테일을 만드는 방법

현재 즐겨 마시는 칵테일은 그 종류가 수백 가지에 이르지만 어떤 칵테일이라도 만드는 방법을 살펴보면 아래의 네 가지 방법 가운데 하나에 속한다. 따라서 그 네 가지 방법을 이해하면 칵테일을 쉽게 만들 수 있다.

글라스에 직접 믹싱하는 방법
칵테일을 만드는 가장 기본적인 방법으로 6 온스 이상의 글라스에 얼음과 함께 재료를 담고 바 스푼으로 저어준다. 바 스푼을 글라스 아래쪽에서 위쪽으로 세 번에서 다섯 번 쯤 떠올리듯 저어준다. 롱 드링크는 대개 이 방법으로 만든다. 진 토닉, 스크루드라이버 같은 것이 있다.

믹싱 글라스를 이용하는 방법
4 온스 이하의 용량이 적은 글라스에 담는 칵테일은 글라스에서 직접 혼합, 냉각하기가 불편하다. 따라서 믹싱 글라스를 사용하게 된다. 믹싱 글라스에 얼음과 함께 재료를 담고 다섯 번에서 열 번쯤 저어 얼음을 걸러 낸 다음 내용물만 따라 낸다. 이 때 젓는 것을 스터링이라고 한다. 믹싱 글라스는 혼합하기가 쉬운 재료일 때만 사용한다. 마티니, 맨해턴 같은 쇼트 드링크가 이 방법으로 만들어진다.

쉐이커를 이용하는 방법
쇼트 드링크, 롱 드링크, 용량에 관계없이 혼합하기가 어려운 크림, 계란, 설탕 같은 재료를 써서 칵테일을 만들 때 이용하는 방법이다. 재료를 용해, 혼합, 냉각시키기 위해 쉐이커를 흔들어 준다. 쉐이킹 방법은 다음과 같다. 먼저 쉐이커의 바디에 얼음 5, 6 개를 재료와 함께 넣고 헤드를 똑바로 얹어서 꼭 닫은 다음 캡을 살짝 얹는 정도로 덮는다. 쉐이커를 양손으로 잡고 쉐이커의 캡을 가슴 쪽으로 한다. 오른손 엄지로는 캡을 누르고 나머지 손가락은 펴서 바디를 잡는다. 왼손 엄지 손가락은 헤드 부분을 그리고 나머지 손가락은 바디를 감싸서 쥔다. 쉐이커를 가슴 높이로 올리고 양 팔꿈치를 수평이 되도록 한 다음 쉐이커를 왼쪽 가슴 쪽으로 하여 힘껏 수평으로 뻗는다. 그 상태에서 원 위치로 옮길 때에는 살며시 당긴다. 이 때 쉐이커하는 사람 자신이 좋은 자세가 되도록 신경을 써야 한다. 쉐이킹의 횟수는 재료에 따라 다르겠으나 스무 번 이상 해 주면 적당하다. 쉐이킹이 끝나면 캡을 벗기고 오른손의 엄지와 검지로는 헤드를, 나머지 손가락으로는 바디를 잡는다. 왼손으로 칵테일 글라스의 밑부분을 잡은 다음 내용물을 따른다. 쉐이킹할 때 재료 가운데에 탄산 음료가 포함될 때에는 탄산 음료를 뺀 나머지 내용물을 쉐이킹한 다음 글라스에 따르고 그 위에 탄산 음료를 따라 내야 한다. 탄산 음료를 함께 쉐이킹하면 가스 압력으로 쉐이커가 열릴 수도 있기 때문이다.

플로팅(Floating)하는 방법

이 방법은 리큐르 글라스에 알코올 도수나 당분 함량의 차이 때문에 생기는 비중의 차이를 이용하여 술이 층층이 쌓여 떠있도록(Floating) 하는 방법이다. 이 칵테일은 카카오, 민트, 슬로우 진 같은 리큐르로만 만들 수 있다. 술을 쌓는 방법은 리큐르 글라스 안쪽 벽에 바 스푼을 뒤집어서 가볍게 밀착시킨 다음 비중이 무거운 술부터 차례로 뒤집혀진 바 스푼의 뒷등에 조심스럽게 따르는 것이다. 엔젤스 키스, 푸우스 카페 같은 것이 있다.

과일 장식

칵테일에는 레몬, 라임, 오렌지, 올리브, 체리, 파인애플, 바나나 같은 과일을 장식한다.

레몬, 라임, 오렌지

한 조각(Full Slice)　　레몬, 라임, 오렌지 같은 과일을 누인 상태에서 3 밀리미터 쯤의 두께로 썰어 낸 둥그란 조각이다.

반 조각(Half Slice)　　한 조각을 반으로 자른 반달 모양의 조각이다.

오렌지 장식

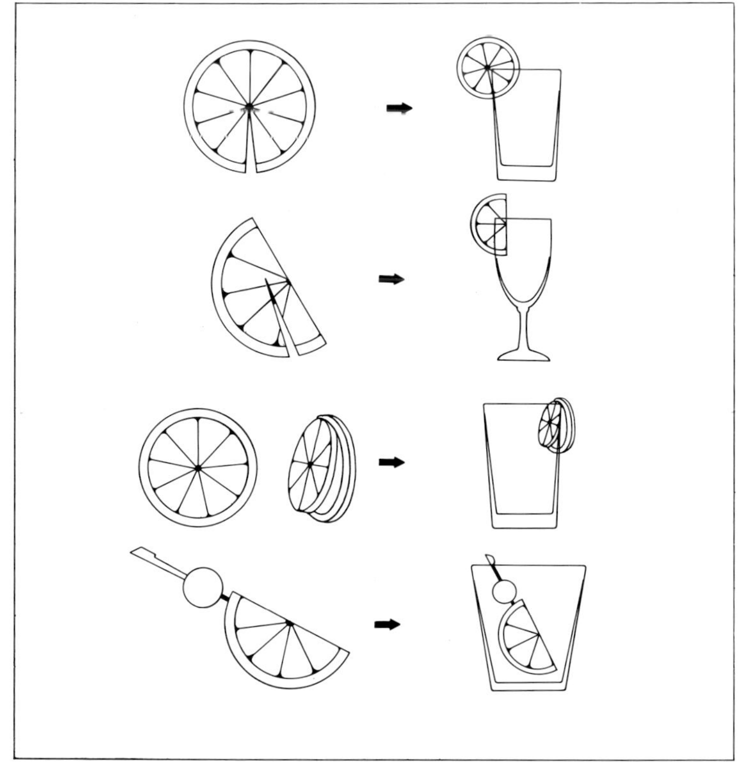

필 스파이럴스(Peel Spirals)　　레몬이나 오렌지의 껍질을 길게 벗겨서 글라스 안에 넣고 끝부분을 글라스의 가장자리에 걸쳐 준다. 껍질을 벗겨 낸 과육은 즙을 내어 사용한다.

필 트위스트(Peel Twist)　　레몬이나 오렌지의 향을 내기 위해 껍질을 5 센티미터쯤의 길이로 벗겨서 반으로 접어 비틀어 준다. 이 때 껍질에서 즙이 우러나는데 그 껍질을 그대로 글라스 안에 넣어 준다.

레몬으로 하는 필 트위스트 장식

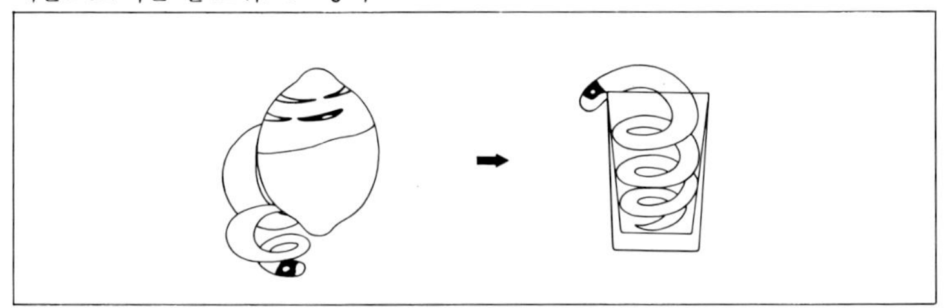

올리브, 체리

올리브나 체리에 칼집을 내어 글라스의 가장자리에 꽂거나 칵테일 핀에 꽂아 글라스 안에 넣어 주는 방법과 칵테일 핀을 사용하지 않고 글라스에 직접 넣어 주는 방법이 있다.

체리 장식

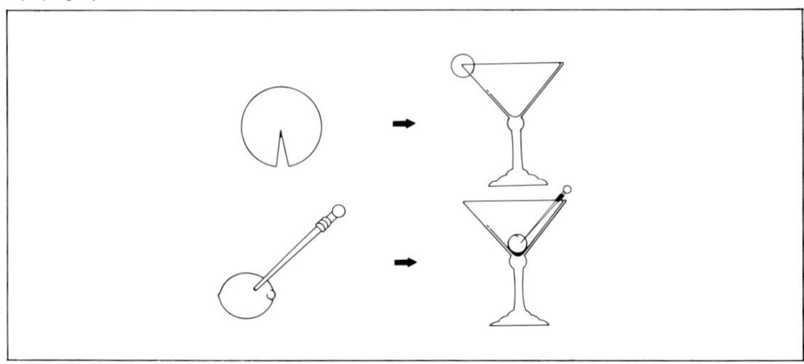

파인애플

과일을 직접 쓸 때에는 잎사귀까지 쓰며 통조림을 사용할 때에는
원형 조각을 잘라서 사용한다.

파인애플 장식

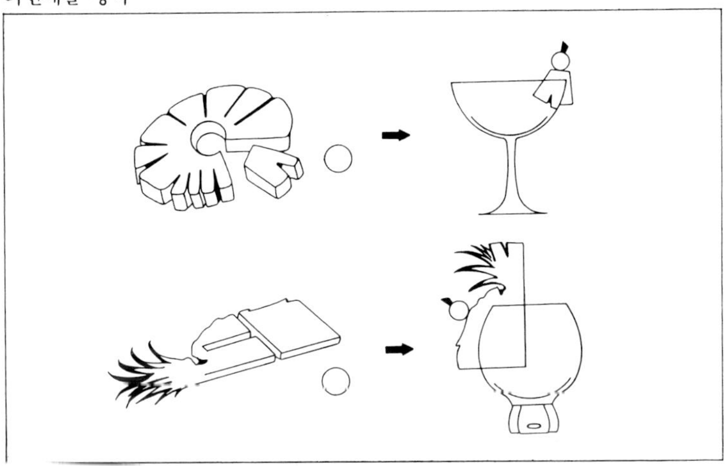

바나나

껍질을 벗긴 다음 2 센티미터 두께로 흰떡을 썰듯이 대각선으로
잘라서 글라스 안에 넣어 주거나, 칼집을 내서 글라스의 가장자리에
끼워 준다.

지금까지 설명한 방법말고 장식 요령은 만드는 사람에 따라 얼마
든지 다양해질 수 있다.

칵테일의 응용

칵테일을 우리 생활에 응용하여 더 다양하고 풍요로운 생활을 즐길 수 있다. 곧 거실에 작은 홈 바를 만들 수 있으며 또 부담없이 칵테일 파티를 열거나 생일에 맞는 칵테일을 준비할 수 있다.

홈 바(Home Bar)의 연출

홈 바라고 하면 호사스런 생활을 하는 몇몇 사람들만이 즐길 수 있는, 우리나라의 음주 생활과는 거리가 먼 단어라고 생각하는 사람들이 많다. 그러나 찾아온 손님에게 커피나 음료수 대신 주인이 직접 만든 칵테일을 대접한다면 손님에게 새로운 기쁨과 그 집에 대한 즐거운 기억을 갖게 할 것이다. 풍부한 향, 아름다운 색 그리고 색다른 맛의 칵테일 한 잔으로 손님과 주인 사이에 부드럽고 스스럼없는 대화가 이루어질 수 있는 것이다.

집안 한쪽에 거창하게 차려 놓은 홈 바가 아니더라도 주거 공간을 이용하여 간단한 홈 바를 만드는 방법에는 여러 가지가 있다. 거실의 장식장, 또는 거실과 주방을 분리하는 장식장, 코너장, 사방탁자, 오디오 세트장의 한쪽을 사용하여 얼마든지 홈 바를 만들 수 있다. 오 밀조밀하게 차린 집안의 작은 바는 가족들을 집으로 빨리 불러들이는 좋은 구실도 한다.

홈 바의 준비물

홈 바에는 칵테일 기구, 소도구, 글라스, 칵테일 부재료, 탄산 음료, 장식 과일을 준비해 놓는다. 칵테일 밑술은 가정에 준비되어 있는 주류나 담가 놓은 과일주만으로도 충분하다. 새로 구입한다면 증류주로는 값이 싼 진, 보드카, 위스키 정도가 좋고 여성을 위한 술로 카카오, 민트, 슬로우 진도 한두 종류 구입하면 제격을 갖추었다고 할 수 있다.

칵테일 기구　지거 글라스 2 개, 바 스푼 1 개, 믹싱 글라스 1 개, 스트레이너 1 개, 쉐이커 1개

소도구　아이스 페일(얼음통) 1 개, 포우러 3 개, 얼음집게 1 개, 스퀴저 1 개, 오프너 1 개, 칵테일 핀, 코스터, 스트로우

글라스　칵테일 글라스 3 개, 샴페인 글라스 3 개, 온 더 락스 글라스, 하이 볼 글라스(글라스는 여러 개일수록 좋다)

칵테일 부재료　버무스, 앙고스트라 비터, 레몬 쥬스, 그레나딘 시럽

탄산 음료　토닉, 카린스, 콜라

칵테일 파티(Cocktail Party)

파티는 식사와 칵테일을 같이 하는 디너 파티, 칵테일만 대접하는 칵테일 파티, 부페를 즐기는 부페 파티로 나눌 수 있다. 또 실내에서

하는 인 도어 파티, 정원이나 테라스, 야외에서 치르는 아웃 도어 파티로 구분할 수도 있다. 바쁜 도시 사람들에게는 칵테일 파티가 제격이다. 칵테일 파티는 한꺼번에 많은 사람을 초대할 수 있고, 장소에도 비교적 구애받지 않으며 비용도 적게 든다. 초대받은 사람도 언제 파티에 참석하든 또 언제 돌아가든 상관이 없다는 점에서 매력이 있다.

칵테일 파티의 준비

파티에 초대한 손님의 수를 파악하고 주류, 음료, 음식 종류, 테이블 배치, 꽃꽂이 장식, 집기류 따위를 준비한다.

100명을 기준으로 했을 때

스카치 위스키 (700ml)		4병
버번 위스키 (700ml)		2병
드라이 진 (700ml)		8병
보드카 (700ml)		2병
칵테일 음료수	소다수	8병
	토닉워터	30병
	카린스 믹서	6병
	진저엘	6병

이쯤이면 두세 시간 정도 칵테일 파티를 치를 수 있다. 그 밖에 술을 못하는 손님을 위하여 오렌지 쥬스, 콜라, 사이다를 준비해 두면 좋다. 가정에서 두세 시간 조촐한 칵테일 파티를 치르고자 할 때에는 한 사람당 네다섯 잔 정도의 칵테일을 계획하여 부담이 가지 않는 범위에서 진이나 보드카, 탄산 음료와 쥬스를 준비하여 손님이 직접 만들게 할 수도 있다.

파티 음식

칵테일 파티를 할 때 곁들이는 음식은 한입에 먹을 수 있는 간단한 것이 좋다. 파티 음식의 종류에는 여러 가지가 있으나 대표적인 것으로 차가운 오드볼, 뜨거운 오드볼, 핸드 부페, 샌드위치, 어소티드 페이스트리스(Assorted pastries, 구색을 맞춘 비스켓이나 파이 종류), 과일 같은 것이 있다. 그러나 꼭 외국 음식만을 준비할 필요는 없으며 재치있게 한국 음식을 곁들여도 좋다.

파티 예절

옷차림은 정장이 좋으며 술은 자신의 주량을 생각해서 마시도록 한다. 음식은 한정된 인원을 생각하여 준비한 것이므로 다른 사람을 생각하여 적당히 먹는 것이 좋다. 또 메뉴에 나와 있지 않은 주류나 음식을 요구하는 것은 예절에 어긋난다. 건배를 할 때에는 술을 마시지 못하는 사람도 한 모금은 반드시 마시는 것이 상식이다.

이런 자리에서는 특히 대화의 내용에 주의해야 하며 특히 남의 험담이나 자기 자랑은 금물이다.

생일과 칵테일

구미에서는 생일 파티에서 칵테일을 즐길 수 있게 생일이 들어 있는 달의 보석과 함께 그 달의 칵테일을 선정해 두고 있다. 생일의 칵테일을 만들 때에는 탄생석과 색채나 느낌이 같은 것을 원칙으로 하되 어떤 것을 만들 것인가는 자유이다. 칵테일마다 그것을 만든 사람의 음료 지식이 엿보이기 때문에 상당히 흥미가 있다. 다음에 소개되는 각 달의 칵테일은 파티의 규모에 관계없이 손쉽게 만들 수 있는 것으로 익혀 두면 멋진 생일 파티를 연출할 수 있다.

1월

탄생석 석류석(암홍색, 우애)

슬로우 진 사우어(Sloe Gin Sour) 슬로우 진 1 온스, 레몬 쥬스 1/2 온스, 설탕 1 티 스푼을 쉐이커에 얼음과 함께 넣고 잘 흔들어서 사우어 글라스에 따른 다음 소다수로 글라스를 적당히 채우고 레몬과 체리로 장식한다.

블랙 손(Black Thorn) 슬로우 진 1 온스, 스위트 버무스 1/2 온스를 믹싱 글라스에 얼음과 함께 넣고 잘 저어서 칵테일 글라스에 따른 다음 레몬 껍질을 넣는다.

2월

탄생석 자수정 (자주색, 사랑)

스카이 라이트 피즈(Sky Light Fizz) 바이오렛 1 온스, 레몬 쥬스 1/2 온스, 크림 또는 우유 1 티 스푼, 설탕 2 티 스푼을 쉐이커에 얼음과 함께 넣고 잘 흔들어서 6 온스짜리 하이 볼 글라스에 담는다. 얼음을 넣고 소다수로 글라스를 채워 가볍게 젓는다.

3월

탄생석 혈석 (암적색, 용기와 총명)

체리 브랜디(Cherry Brandy) 체리 브랜디를 리큐르 글라스에 따라 스트레이트로 마신다.

핑퐁 칵테일(Pingpong Cocktail) 계란 흰자 1 개분, 슬로우 진 1/2 온스, 크렘 드 이벳트 1/2 온스, 레몬 쥬스 1/4 온스를 쉐이커에 얼음과 함께 넣고 흔들어서 4 온스 칵테일 글라스에 따른다.

4월

탄생석 다이아몬드 (무색투명, 순결과 평화)

크렘 드 망트 프라페(Crème de Menthe Frappé)　칵테일
글라스에 쉐이브드 아이스를 가득 채우고 1 온스의 화이트 망트를
얼음 위에 조심스럽게 따른 다음 짧은 스트로우를 꽂는다.

5월
탄생석 에머랄드 (밝은 초록빛, 청순)
크렘 드 망트 프라페(Crème de Menthe Frappé)　칵테일
글라스에 쉐이브드 아이스를 가득 채우고 1 온스의 그린 망트를 얼
음 위에 조심스럽게 따른 다음 짧은 스트로우를 꽂는다.

6월
탄생석 진주 (은백색, 행복과 장수)
보드카 마티니(Vodka Martini)　보드카 1 온스, 드라이 버
무스 1/2 온스를 믹싱 글라스에 얼음과 함께 넣고 얌전히 저은 다음
냉각된 칵테일 글라스에 따르고 올리브로 장식한다.

깁슨(Gibson)　진 1 온스, 드라이 버무스 1/2 온스를 믹싱 글
라스에 얼음과 함께 넣고 얌전히 저은 다음 냉각된 칵테일 글라스에
따르고 서양 양파로 장식한다.

7월
탄생석 루비 (진홍색, 인애와 위엄)
슬로우 진 피즈(Sloe Gin Fizz)　슬로우 진 1 온스, 레몬 쥬
스 1/2 온스, 설탕 1 티 스푼을 쉐이킹하여 6 온스짜리 하이 볼 글라
스에 따르고 소다수로 채운 다음 잘 젓는다.

아메르피콘 피즈(Amerpicon Fizz)　아메르피콘 1 온스, 라
임 쥬스 1/2 온스, 그레나딘 시럽 1 티 스푼을 쉐이커에 얼음과 함께
넣고 잘 흔들어서 칵테일 글라스에 따른다.

8월

탄생석 사아더닉스 (진한 주홍색, 부부의 행복)

사이드 카(Side Car)　브랜디 1 온스, 트리플 섹 1/3 온스, 레몬 쥬스 1/3 온스를 쉐이커에 넣고 한두 번 정도 잘 흔들어 혼합시킨 다음 캡을 열고 냉각된 칵테일 글라스에 따른다.

9월

탄생석 사파이어 (청옥색, 정조)

블루 문(Blue Moon)　드라이 진 1 온스, 크렘 드 이베트 1/2 온스를 믹싱 글라스에 얼음과 함께 넣고 잘 저어서 칵테일 글라스에 따른 다음 레몬 껍질을 틀어서 넣는다.

유니언 잭(Union Jack)　드라이 진 1 온스, 크렘 드 이베트 1/2 온스, 그레나딘 시럽 1/2 티 스푼을 쉐이커에 얼음과 함께 넣고 잘 흔들어서 칵테일 글라스에 따른다.

10월

탄생석 오팔 (백색, 희망)

실버 피즈(Silver Fizz)　드라이 진 1 온스, 레몬 쥬스 1/2 온스, 설탕 1 티 스푼, 계란 흰자 1 개분을 쉐이커에 얼음과 함께 넣고 스무 번 이상 잘 흔들어 혼합시킨다. 6 온스짜리 하이 볼 글라스에 얼음 서너 조각을 넣고 쉐이커의 내용물을 따른 다음 소다수로 글라스를 채우고 바 스푼으로 세 번에서 다섯 번쯤 젓는다.

11월

탄생석 황옥 (황색, 우애와 행복)

스팅거(Stinger)　브랜디 1 온스, 크렘 드 망트 화이트 1/2 온스를 쉐이커에 얼음과 함께 넣고 잘 흔들어서 칵테일 글라스에 따른다.

12월
탄생석 터어키옥 (청록색, 성공)

크렘 드 망트 하이 볼(Creme de Menthe High Ball)   6
온스짜리 하이 볼 글라스에 얼음과 그린 망트 1 온스를 넣고 소다수
로 글라스를 채운 다음 젓는다.

빛깔있는 책들 203-7

칵테일

글	—원영덕
사진	—주종설

발행인	—장세우
발행처	—주식회사 대원사

편집	—오현주, 이재운, 박노언, 김인숙
미술	—김숙경, 유정숙, 이숙영

첫판 1쇄 —1989년 5월 15일 발행
첫판 9쇄 —2003년 12월 31일 발행

주식회사 대원사
우편번호/140-901
서울 용산구 후암동 358-17
전화번호/(02) 757-6717~9
팩시밀리/(02) 775-8043
등록번호/제 3-191호
http://www.daewonsa.co.kr

이 책에 실린 글과 그림은, 저자와 주
식회사 대원사의 동의가 없이는 아무
도 이용하실 수 없습니다.

잘못된 책은 책방에서 바꿔 드립니다.

값 13,000원

Daewonsa Publishing Co., Ltd.
Printed in Korea(1989)

ISBN 89-369-0073-0 00590

빛깔있는 책들

민속(분류번호 : 101)

1 짚문화	2 유기	3 소반	4 민속놀이(개정판)	5 전통 매듭
6 전통 자수	7 복식	8 팔도 굿	9 제주 성읍 마을	10 조상 제례
11 한국의 배	12 한국의 춤	13 전통 부채	14 우리 옛악기	15 솟대
16 전통 상례	17 농기구	18 옛다리	19 장승과 벅수	106 옹기
111 풀문화	112 한국의 무속	120 탈춤	121 동신당	129 안동 하회 마을
140 풍수지리	149 탈	158 서낭당	159 전통 목가구	165 전통 문양
169 옛 안경과 안경집	187 종이 공예 문화	195 한국의 부엌	201 전통 옷감	209 한국의 화폐
210 한국의 풍어제				

고미술(분류번호 : 102)

20 한옥의 조형	21 꽃담	22 문방사우	23 고인쇄	24 수원 화성
25 한국의 정자	26 벼루	27 조선 기와	28 안압지	29 한국의 옛 조경
30 전각	31 분청사기	32 창덕궁	33 장석과 자물쇠	34 종묘와 사직
35 비원	36 옛책	37 고분	38 서양 고지도와 한국	39 단청
102 창경궁	103 한국의 누	104 조선 백자	107 한국의 궁궐	108 덕수궁
109 한국의 성곽	113 한국의 서원	116 토우	122 옛기와	125 고분 유물
136 석등	147 민화	152 북한산성	164 풍속화(하나)	167 궁중 유물(하나)
168 궁중 유물(둘)	176 전통 과학 건축	177 풍속화(둘)	198 옛 궁궐 그림	200 고려 청자
216 산신도	219 경복궁	222 서원 건축	225 한국의 암각화	226 우리 옛 도자기
227 옛 전돌	229 우리 옛 질그릇	232 소쇄원	235 한국의 향교	239 청동기 문화
243 한국의 황제	245 한국의 읍성	248 전통장신구	250 전통 남자 장신구	

불교 문화(분류번호 : 103)

40 불상	41 사원 건축	42 범종	43 석불	44 옛절터
45 경주 남산(하나)	46 경주 남산(둘)	47 석탑	48 사리구	49 요사채
50 불화	51 괘불	52 신장상	53 보살상	54 사경
55 불교 목공예	56 부도	57 불화 그리기	58 고승 진영	59 미륵불
101 마애불	110 통도사	117 영산재	119 지옥도	123 산사의 하루
124 반가사유상	127 불국사	132 금동불	135 만다라	145 해인사
150 송광사	154 범어사	155 대흥사	156 법주사	157 운주사
171 부석사	178 철불	180 불교 의식구	220 전탑	221 마곡사
230 갑사와 동학사	236 선암사	237 금산사	240 수덕사	241 화엄사
244 다비와 사리	249 선운사			

음식 일반(분류번호 : 201)

60 전통 음식	61 팔도 음식	62 떡과 과자	63 겨울 음식	64 봄가을 음식
65 여름 음식	66 명절 음식	166 궁중음식과 서울음식		207 통과 의례 음식
214 제주도 음식	215 김치	253 장醬		